Frank Sichla
Richtig messen mit dem USB-Scope

FRANZIS
PC+ELEKTRONIK

Frank Sichla

Richtig messen mit dem
USB-Scope

Messpraxis und Zusatzgeräte für den Selbstbau

Mit 169 Abbildungen

Bibliografische Information der Deutschen Bibliothek

Die Deutsche Bibliothek verzeichnet diese Publikation in der Deutschen Nationalbibliografie; detaillierte Daten sind im Internet über **http://dnb.ddb.de** abrufbar.

Hinweis

Alle Angaben in diesem Buch wurden vom Autor mit größter Sorgfalt erarbeitet bzw. zusammengestellt und unter Einschaltung wirksamer Kontrollmaßnahmen reproduziert. Trotzdem sind Fehler nicht ganz auszuschließen. Der Verlag und der Autor sehen sich deshalb gezwungen, darauf hinzuweisen, dass sie weder eine Garantie noch die juristische Verantwortung oder irgendeine Haftung für Folgen, die auf fehlerhafte Angaben zurückgehen, übernehmen können. Für die Mitteilung etwaiger Fehler sind Verlag und Autor jederzeit dankbar. Internetadressen oder Versionsnummern stellen den bei Redaktionsschluss verfügbaren Informationsstand dar. Verlag und Autor übernehmen keinerlei Verantwortung oder Haftung für Veränderungen, die sich aus nicht von ihnen zu vertretenden Umständen ergeben. Evtl. beigefügte oder zum Download angebotene Dateien und Informationen dienen ausschließlich der nicht gewerblichen Nutzung. Eine gewerbliche Nutzung ist nur mit Zustimmung des Lizenzinhabers möglich.

Satz: Fotosatz Pfeifer, 82166 Gräfelfing
art & design: www.ideehoch2.de
Druck: Bercker, 47623 Kevelaer
Printed in Germany

ISBN 978-3-7723-**4307-0**

Vorwort

Im Zentrum dieses Buchs stehen die interessantesten elektronischen Messgeräte des 21. Jahrhunderts: die sogenannten *USB-Scopes* (Scope ist die Abkürzung von Oscilloscope). Diese kleinen Kästchen zum Anschluss an den USB-Port machen Notebook oder PC zum leistungsfähigen Oszilloskop und können daher die konventionellen Stand-alone-Geräte in vielen Fällen ersetzen. Sie sind leicht transportabel, geben charakteristische Messwerte numerisch aus, verfügen über einen Speicher und bieten oft weitere interessante Funktionen, wie Funktionsgenerator, Spektrumanalysator oder Frequenzmesser. Man kann sicher sein: Ob im Service, im Hobby, in der Ausbildung oder im Entwicklungslabor – USB-Scopes werden sich etablieren.

In diesem Buch vermitteln mehrere Kapitel nicht nur praktisches Rundumwissen zu den USB-Scopes (Grundtypen, Technik, Anwendungsmöglichkeiten und -grenzen), sondern liefern auch Bauanleitungen und interessante Schaltungen für sinnvolles Zubehör. Damit kann der Anwender sein Scope beträchtlich aufwerten – und das zum kleinen Preis.

Angesprochen werden auch andere moderne PC-Messgeräte, wie die sogenannten *USB-Messlabors* oder *Datenlogger*.

Die Vorstellung einiger USB-Scopes anhand wichtiger Daten und Testergebnisse rundet das Thema ab. Dabei wird deutlich, wie vielseitig, aber auch verschieden die USB-Scopes sein können.

Der Leser versteht schnell: Moderne Messgeräte setzen auf (Mini-)Notebook oder Personal Computer als Partner. Das bedeutet drei wesentliche Fortschritte:

- eine größere Fläche als bisher zur übersichtlichen Darstellung von Signalkurven
- fast unbegrenzte Software-Power, beispielsweise zur Automatisierung von Messvorgängen oder Auswertung/Verknüpfung von Messergebnissen
- ein kostengünstiges Gesamtsystem, denn der ohnehin bereits vorhandene Computer übernimmt einen Großteil der Arbeit

Das USB-Scope ist das Paradebeispiel für diese Vorteile.

Wenn Sie sich also für wirklich moderne Messtechnik interessieren, haben Sie genau das richtige Buch gewählt. Es wird Sie leicht verständlich zum Praktiker qualifizieren, der die Grundlagen der modernen Messgeräte beherrscht und sie nutzbringend einsetzen kann.

Viel Spaß bei der Lektüre!

Ing. Frank Sichla

Inhaltsverzeichnis

1 Das Messen in Elektrotechnik, Elektronik und Funktechnik

Beim Messen elektrischer Größen mit dem Oszilloskop ist von großer Bedeutung, auf welchem der drei großen Fachgebiete man sich bewegt: der Elektrotechnik, der Elektronik oder der Funktechnik. Die Mess- und Prüfgeräte unterscheiden sich je nach Fachgebiet wesentlich. Doch was macht da eigentlich den Unterschied?

1.1 Die Elektrotechnik

Als Elektrotechnik bezeichnet man recht übereinstimmend den Bereich der Technik und Wissenschaft, der sich mit den „Anwendungen der Elektrizität" befasst. Diesen Begriff eines Teilgebiets der Physik hat Werner von Siemens, der erste große Anwendungspionier der Elektrik, 1879 eingeführt. Die Elektrotechnik lässt sich in die zwei Bereiche unterteilen:

- Leistungselektrik, Energie- oder Antriebstechnik und
- Nachrichten-, Kommunikations-, Informations- oder Fernmeldetechnik

Andere, ältere, aber „plastischere" Begriffe hierfür sind *Starkstromtechnik* und *Schwachstromtechnik*.

Bei der Leistungselektrik oder Starkstromtechnik geht es darum, elektrische Leistung zu erzeugen, zu transportieren, umzuformen und anzuwenden.

Die *Erzeugung* erfolgt in Wasser-, Kohle- oder Kernkraftwerken oder neuerdings auf alternative Weise, wie durch Wind und Sonne. Kleine Erzeuger elektrischer Energie – elektrische Generatoren – finden wir auch in unserer unmittelbaren Umgebung, z. B. in Form des Dynamos am Fahrrad und der Lichtmaschine im Auto.

Der *Transport* erfolgt über ein Netz von Hochspannungsleitungen. Die Generatorspannung wird je nach Netzebene auf 110.000, 220.000 oder 380.000 V hochtransformiert. Die Masten sind so mächtig, weil die Leitungen untereinander und gegen Erde Mindestabstände haben müssen, um Überschlägen vorzubeugen.

Die *Umformung* (Herabtransformation) erfolgt in Umspannwerken. Der letzte Abschnitt des „Transportwegs" für die Elektroenergie aus dem Kraftwerk ist unser Hausleitungsnetz. Es hat vier Leitungen. Drei führen gleich große, aber um 120

Grad gegeneinander phasenversetzte Spannungen von 230 V gegen Erde bzw. 400 V untereinander. Jede dieser Leitung wird *Phase* genannt. Die korrekte Bezeichnung ist *Außenleiter*. Die vierte Leitung ist mit Erde verbunden. Man nennt sie *Nullleiter*. An einer normalen Steckdose treffen wir immer auf eine Phase und den Nullleiter. Die Schutzkontakte sind mit dem Nullleiter direkt verbunden – das entsprechende Stückchen Leitung nennt man Schutzleiter. Nach einer Steckdose folgt die flexible Netzanschlussschnur des transportablen Geräts.

Kleine Umformer haben wir als Netztransformator oder oft als nachfolgenden Gleichrichter auch im Haus. Durch den in das Gerät eingebauten oder separaten, direkt an die Steckdose passenden Trafo (*Steckernetzteil*) wird die Netzspannung von 230 V verlustarm auf wesentlich kleinere, ungefährliche Werte herabgesetzt. Nur im konventionellen „Röhrenfernseher" geht es noch höher hinauf. Die Bildröhre braucht eine Gleichspannung im Kilovolt-Bereich.

Die Form der Spannung ändert ein Trafo nicht. So wie an seinem Eingang eine sinusförmige 50-Hz-Spannung anliegt, gibt er sie auch wieder ab. Ein nachfolgender Gleichrichter macht dann – ebenfalls recht effizient – eine Gleichspannung daraus.

Als *Anwendungen* drehen sich beispielsweise Elektromotoren (Rasierapparat, Mixer, Brotschneidemaschine, Kühlschrankaggregat, Heizungsumwälzpumpe etc.) oder leuchten Glühlampen.

Bei der Schwachstrom- bzw. Nachrichtentechnik geht es darum, Informationen zu übermitteln. Da eine Information im Prinzip keine Energie benötigt, ist es hier möglich, teils recht energiesparend auszukommen. So benötigt ein traditionelles Telefon kein eigenes Netzteil, und die Batterien im Schnurlostelefon dienen im Wesentlichen der Funkverbindung.

Auch die moderne Satellitentechnik, die uns Fernseh- und Radioprogramme aus aller Welt ins Haus liefert, benötigt nur einen Bruchteil der Energie, den ein traditioneller Kurzwellen-Rundfunksender oder ein terrestrischer analoger Fernsehsender benötigt. Selbst diese Energie stammt über ein Solarpaneel zum Teil noch von der Sonne.

Im Kasten sind die wichtigsten Meilensteine der Entwicklung der Elektrotechnik zusammengetragen. Galvani (*Abb. 1.1*), Maxwell (*Abb. 1.2*) und Siemens (*Abb. 1.3*) lieferten herausragende Beiträge.

Abb. 1.1: Luigi Galvani entdeckte an Froschschenkeln die Elektrizität.

Abb. 1.2: James Clerk Maxwell entwickelte die Grundgleichungen des elektromagnetischen Feldes.

Abb. 1.3: Werner von Siemens baute den ersten Stromgenerator.

Elektrotechnik – historische Meilensteine

1750	erfindet Franklin den Blitzableiter
1778	entdeckt Coulomb das nach ihm benannte Gesetz
1790	findet Galvani die Gleichstromelektrizität
1800	baut Volta die nach ihm benannte Säule, eine chemische Stromquelle
1820	entdeckt Orstedt das Magnetfeld eines stromdurchflossenen Leiters
1821	formuliert Ampere die elektrodynamischen Gesetze
1827	formuliert Ohm das nach ihm benannte Gesetz
1831	entdeckt Faraday die elektromagnetische Induktion
1841	formuliert Joule das nach ihm benannte Gesetz
1836	stellt Maxwell die Theorie der Elektrizität und des Magnetismus auf
1857	erfindet Göbel die Glühlampe mit Kohlefaden
1861	erfindet Reis das Telefon
1866	entdeckt Siemens das dynamoelektrische Prinzip
1889	erfindet Dolivo-Dobrowolski den Drehstrommotor
1891	erste Drehstromübertragung 25.000 V
1912	erste 110-kV-Freileitung (in Deutschland)
1926	erste 220-kV-Freileitung (in Deutschland)
1950	erste 380-kV-Freileitung (in Schweden)

Beim Messen und Prüfen an elektrotechnischen Einrichtungen und Geräten gilt es, im Bereich der Starkstromtechnik hohe und mittlere Wechselspannungen und -ströme und im Bereich der Schwachstromtechnik mittlere und kleine Spannungen und Ströme zu erfassen.

Man benötigt also robuste bis empfindliche Mess- und Prüfmöglichkeiten für Wechsel- und Gleichgrößen. Auch die Sicherheit ist wichtig – mit Netzspannung ist nicht zu spaßen! Diese Möglichkeiten und die nötige Sicherheit bieten USB-Scopes teilweise.

Buchtipp: Der leichte Einstieg in die Elektrotechnik

Wer einen leicht verständlichen, reich bebilderten und praxisorientierten Grundkurs für die Elektrotechnik sucht, hat mit „Der leichte Einstieg in die Elektrotechnik" das richtige Buch gefunden.

Kurz und bündig werden hier alle wichtigen Zusammenhänge dieser Technik erklärt, ohne dass Langeweile aufkommt.

Der Leser erfährt beispielsweise, was es mit dem Magnetismus auf sich hat, wie Dynamos und Motoren funktionieren, was in Trafos und Netzgeräten geschieht und welche Funktion Widerstände, Kondensatoren, Spulen und andere Bauteile haben.

Geradezu spielerisch erweitert sich der Horizont, und aus der Elektrotechnik weicht das Geheimnisvolle.

ISBN 3-7723-5905-1, Franzis Verlag

1.2 Die Elektronik

Ein Zweig der Schwachstromtechnik ist die Elektronik. Der Begriff entstand durch Abkürzung des Worts „Elektronentechnik".

Elektronen sind elektrische Ladungsträger. Aber auch Ionen können als solche bezeichnet werden, und Defektelektronen (Löcher) zeigen ein ähnliches Verhalten. Die Elektronen spielen aber beim elektrischen Strom die Hauptrolle. Zu Recht sind sie die Namensgeber der Elektronik.

Elektronik ist die Wissenschaft und Technik, die sich speziell mit der „Bewegung und Steuerung von Elektronen im Vakuum, in Gasen und Halbleitern" befasst. Damit ist die Elektronik einerseits von der Leitung in guten elektrischen Leitern (z. B. Metallen und Elektrolyten) und der in schlechten elektrischen Leitern (z. B. Widerstandsmaterial) abgegrenzt. Auf diesen Materialien basiert die klassische Elektrotechnik.

Man hat das Elektron, obwohl winzig, doch vermessen können. Demnach besitzt es eine negative Elementarladung und hat die Ruhemasse von rund 10^{-27} g. 10^{27} Elektronen wiegen also zusammen ein Gramm.

Vorstellen kann man sich das nicht. Wohl aber kann man nun verstehen, warum Strom so schnell fließt – die Elektronen lassen sich wegen ihres extrem geringen Gewichts spielend leicht beschleunigen. Sie kreisen darum auch mit 2.000 km/s um den Kern.

Aber sie sind nicht nur extrem leicht, sondern auch extrem klein: Wenn wir uns vorstellen, dass wir in einer großen Kathedrale sitzen und annehmen, diese wäre ein Atom, wäre unsere Faust der Atomkern und ein Schmetterling in der Kuppel ein Elektron.

Noch viel könnte man über die Elektronik erzählen. Wir beschränken uns auf die Highlights im Kasten. Braun (*Abb. 1.4*), von Lieben (*Abb. 1.5*) und Shockley (*Abb. 1.6*) haben Herausragendes geleistet. Merken sollten wir uns Folgendes:

Abb. 1.4: Ferdinand Braun erfand die Bildröhre.

Abb. 1.5: Robert von Lieben erfand die Verstärkerröhre.

Abb. 1.6: William Shockley war der führende Mann bei der Transistorerfindung.

Beim Messen und Prüfen an elektronischen Geräten sind in der Regel mittlere und kleine Gleichspannungen sowie -ströme zu erfassen. Diese können mithilfe eines USB-Scopes in aller Regel problemlos dargestellt werden.

Elektronik – historische Meilensteine

1891	prägen Stoney und Helmholz den Begriff Elektron
1897	entdeckt Thomson bei Kathodenstrahlenexperimenten das Elektron
1897	erfindet Braun die Kathodenstrahlröhre
1905	erfindet Fleming die erste Radioröhre, die Diode
1906	entwickeln von Lieben und de Forest unabhängig voneinander die Verstärkerröhre
1909	bestimmt Millikan exakt die Ladung des Elektrons
1913	erfindet Meißner die Rückkopplung bei Elektronenröhren
1930	verwenden von Ardenne und Zworykin unabhängig voneinander die Kathodenstrahlröhre zum Fernsehen
1942	stellt Konrad Zuse den weltweit ersten funktionsfähigen Computer vor
1946	ist der ENIAC (Electronic Numerical Integrator and Computer) von Eckert und Mauchly fertig
1947	erfinden Shockley, Bardeen und Brattain den Transistor
1958	bauen Devol und Engelberger den ersten Industrieroboter
1960	beginnt die Mikroelektronik, sich zu entwickeln
1968	erfindet Hoff den Mikroprozessor
1973	ermöglicht der 8-Bit-Prozessor Intel 8080 den Bau des ersten PCs
1996	erster funktionsfähiger humanoider Roboter

Buchtipp: Grundwissen Elektronik

Die Elektronik hat sich zu einem mächtigen technischen Gebiet entwickelt. Grundsätzlich unterscheidet man zwischen Analog- und Digitaltechnik. Entsprechend besteht auch dieses Buch aus zwei Teilen. Auf rund 350 Seiten bringt es alles, was in der modernen Elektronik wirklich wichtig ist.

Die zahlreichen Applikationen bieten ein weites Betätigungsfeld in Ausbildung und Hobby. Das Buch enthält eine Fülle von Informationen und schlägt die Brücke zwischen der einfachen Schaltungstechnik mit diskreten Halbleitern zur Anwendung moderner komplexer Schaltkreise.

ISBN 3-7723-5588-9, Franzis Verlag

1.3 Elektrische und elektronische Bauelemente

Wenn man die Elektronik auch als Teilgebiet der Elektrotechnik auffasst, unterscheidet man dennoch zwischen elektrischen und elektronischen Bauelementen.

Ein elektrisches Bauelement ist ein auf normaler Leitung basierendes Bauelement. Seine Wirkung kann mit der klassischen Elektrotechnik beschrieben werden. Wir zählen hauptsächlich Widerstände, Spulen, Kondensatoren und Kontaktbauelemente (*Abb. 1.7*) dazu.

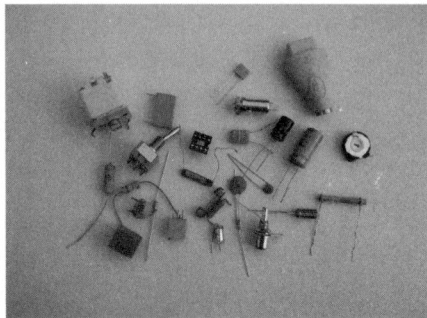

Abb. 1.7: Widerstände, Spulen, Kondensatoren, Sicherungen, Stecker, Schalter, Fassungen etc. sind elektrische Bauelemente.

Ein elektronisches Bauelement beruht auf der Bewegung und/oder Steuerung von Ladungsträgern im Vakuum, in einem Gas oder in einem Halbleiter. Elektronische Bauelemente lassen sich aufteilen in klassische Röhren (*Abb. 1.8*), diskrete Halbleiter, wie Dioden, LC-Displays oder Transistoren (*Abb. 1.9*) und integrierte Schaltungen (*Abb. 1.10, 1.11*).

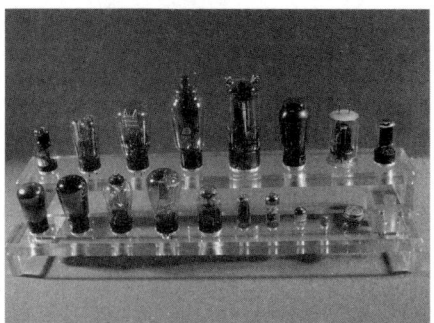

Abb. 1.8: Röhren waren die Aktivisten in früheren elektronischen Geräten.

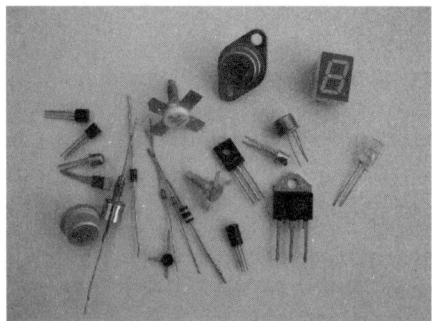

Abb. 1.9: Dioden, Displays und Transistoren gelten als diskrete elektronische Halbleiter-Bauelemente.

Abb. 1.10: Integrierte Schaltkreise gibt es in verschiedenen Arten und Größen. Die hier abgebildeten haben einen niedrigen Integrationsgrad.

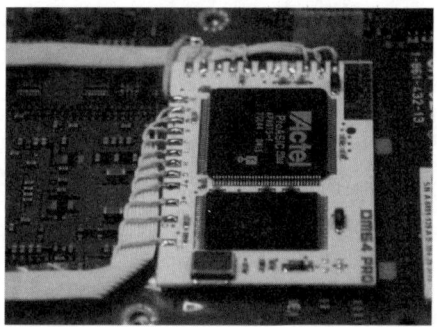

Abb. 1.11: Hochintegrierte ICs, wie dieser kundenspezifische Typ für eine Playstation, besitzen Dutzende von Anschlüssen und bis zu Millionen Transistorfunktionen. (PixelQuelle.de)

1.4 Die Funktechnik

Der Name *Funktechnik* geht darauf zurück, dass in der Anfangszeit der drahtlosen Nachrichtentechnik das Senden mit kräftiger elektrischer Funkenbildung verbunden war. Rundfunk kommt von „rundherum funken". Im Gegensatz zur gezielten Abstrahlung, wie im militärischen Funk oder bei der Kommunikation mit Satelliten, will man viele Empfänger erreichen. Diese liegen etwa in einem kreisförmigen Gebiet, in dessen Mitte der Sender steht. Beim heutigen Satelliten-„Rundfunk" sieht es natürlich etwas anders aus.

Der Rundfunk ist ein Teilgebiet der Funktechnik. Die Funktechnik wiederum ist ein wesentliches Teilgebiet der Hochfrequenz- oder Mikrowellentechnik. Die Hochfrequenztechnik, abgekürzt *HF-Technik*, beschäftigt sich mit dem Erzeugen von elektrischen Schwingungen im Frequenzbereich von etwa 20 kHz bis 300 MHz, die Mikrowellentechnik tut das Gleiche, nur mit noch höheren Frequenzen.

Bei der Rundfunktechnik geht es um das Erzeugen, Verstärken, Modulieren und Demodulieren sowie das drahtlose Übertragen von Signalen. Modulation bedeutet das „Aufprägen" eines Sprach-, Musik-, Fernseh- oder Datensignals auf das in der Frequenz viel höhere eigentliche Sendesignal, das man darum auch *Träger* nennt. *Demodulation* bedeutet die Rückgewinnung der puren Information. Im Kasten treffen wir auf die wichtigsten Entwicklungsetappen. Hertz (*Abb. 1.12*), Schottky (*Abb. 1.13*) und Armstrong (*Abb. 1.14*) lieferten besonders starke Beiträge.

Abb. 1.12: Heinrich Hertz wies als Erster die elektromagnetischen Wellen nach.

Abb. 1.13: Walter Schottky ...

Abb. 1.14: ... und Edwin H. Armstrong entwickelten unabhängig voneinander das Superhet-Prinzip, nach dem auch moderne Rundfunkempfänger funktionieren.

Rundfunktechnik – historische Meilensteine

1865   sagt Maxwell die elektromagnetische Strahlung voraus
1876   erfindet Hughes das Mikrofon
1884   erfindet Nipkow den elektromechanischen Abbildungszerleger
1888   weist Hertz die elektromagnetischen Wellen nach
1895   verwendet Popow erstmalig eine Antenne
1895   gelingt Marconi eine drahtlose Telegrafieübertragung
1913   gelingt die erste Funkverbindung zwischen Europa und Amerika
1918   erfinden Schottky und Armstrong unabhängig das Überlagerungsprinzip
1920   erste Übertragung eines Instrumentalkonzerts (in Deutschland)
1925   erste Fernsehvorführung (in Deutschland)
1930   geht der erste deutsche Großsender in Betrieb
1935   Inbetriebnahme des ersten deutschen Fernsehsenders
1960   erste Fernsehübertragung aus dem Weltraum durch die UdSSR
1962   erste interkontinentale Fernsehübertragung
1964   erste Fernsehübertragung über einen stationären Satelliten (USA/Japan)
1965   erste Farbfernsehübertragung via Satellit (UdSSR/Frankreich)
70er Jahre   UKW-Stereorundfunk
90er Jahre   Digitalisierung des Rundfunks
etwa 2000   High Definition TV

Die Funktechnik hat ein ganz besonderes Kennzeichen, über das sonst kein anderes Gebiet verfügt: die Antennen. Eine Antenne kann, wie die Ferritantenne in einem Taschenradio (*Abb. 1.15*), klein und unscheinbar sein oder riesig und über Kilometer erkennbar, wie die Sendeantenne einer terrestrischen Rundfunkstation (*Abb. 1.16*).

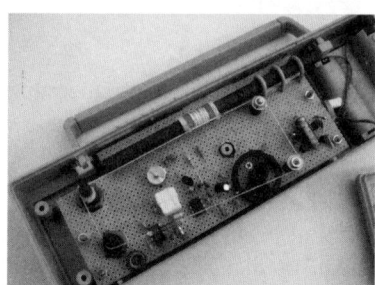

Abb. 1.15: Ferritantenne in einem selbst gebauten Taschenradio

Abb. 1.16: Kurzwellenantennen des Bayerischen Rundfunks in München-Ismaning (BR)

1.5 Analog- und Digitaltechnik

Das Wort „analog" kommt aus dem Griechischen und heißt so viel wie „entsprechend, stetig". Die analoge Technik verarbeitet demnach also ein Signal, ohne seine Form grundsätzlich zu verändern. Wird etwa ein Audiosignal verstärkt, vergrößert es sich nur, behält aber seine Form bei. Formänderungen wären hierbei unerwünscht und würden als Verzerrungen oder Klirren näher definiert werden.

Andererseits erfolgen in der Analogtechnik auch definierte Formveränderungen, und zwar durch Filterung des Signals – man denke an einen Klangregler. Hier liegt ein nichtlinearer Frequenzgang des Übertragungsglieds vor.

Man stößt aber in der Analogtechnik auch auf nichtlineare Übertragungskennlinien. Ein Mischer beispielsweise ist ein ganz besonderer Baustein: Mit ihm kann man durch Einspeisen zweier Signale zwei Ausgangssignale erzeugen, deren Frequenzen anders als die der Eingangssignale sind. Ohne nichtlineare Kennlinie wäre das nicht möglich. Auch eine Vervielfachung oder eine Amplitudenmodulation ist an eine nichtlineare Übertragungskennlinie gebunden. Trotzdem ordnet man Mischer, Vervielfacher und Modulatoren der Analogtechnik zu.

Die analoge Funktechnik ist noch heute populär: Der Schalldruck auf das Mikrofon wird in eine analoge Spannung umgesetzt, diese wird verstärkt und damit dann eine Trägerschwingung moduliert. Bei AM und FM gelangt dann eventuell nach Umsetzung auf eine höhere Frequenz das gesamte Modulationsprodukt auf die Antenne. Bei DSB (double-side band) und SSB (single-side band) wird ein Teil davon zurückgehalten: bei DSB der Träger, bei SSB ein Seitenband und der Träger.

Im Empfänger erfolgen dann wiederum Verstärkung sowie Demodulation – bei herkömmlichen Empfängern alles analog, bis der Lautsprecher mit leichter Zeitverzögerung eine zum Mikrofonschall analoge Schallschwingung abgibt.

Oft spricht man von *analogen Signalen*. Die sinusförmige Netzwechselspannung oder die hochfrequente Trägerwelle der Rundfunksender sind solche analogen Größen. Treffend ist die Bezeichnung jedoch eigentlich erst dann, wenn irgendwo ein Abbild einer solchen Größe erzeugt wird, etwa in einem Verstärker oder einem Wandler. Man spricht also im engeren Sinne erst dann von analogen Signalen, wenn sie eine andere analoge Größe kontinuierlich abbilden, ihr von der Form her entsprechen.

Ganz allgemein erkennt man analoge Signale, Größen oder Informationen daran, dass sie sich kontinuierlich ändern können. Ob Strom, Spannung oder Druck – innerhalb eines gewissen Bereichs sind beliebig viele Werte möglich, genau genommen unendlich viele.

Analoge Informationen oder Größen kann man nicht nur verstärken oder übertragen, sondern auch verarbeiten: Für Analogrechner wurden universelle elektronische Bausteine, wie Operationsverstärker und Multiplizierer, entwickelt. So konnten analoge Signale addiert, subtrahiert, multipliziert und dividiert werden.

Man hat man sich darauf geeinigt, Bausteine, die Analog- und Digitaltechnik vereinen, wie Analog-Digital- bzw. Digital-Analog-Wandler, der Analogtechnik zuzuordnen.

Die Analogtechnik hat Nachteile. Z. B. ist es schwer möglich, analoge Informationen dauerhaft mit gleichbleibender Qualität zu speichern (Schallplatte oder Magnetband). Außerdem sind analoge Signale auch störanfällig bei der Übertragung. Rauschen, andere Sender oder Feldstärkeschwankungen (Fading) können die Signalqualität eintrüben.

Die Digitaltechnik vermeidet diese Nachteile. Das Wort „digital" stammt vom lateinischen „digitus" („an den Fingern abzählen") ab. Das aber bedeutet ein stufenweises Zählen. Es gibt keinen stetigen Verlauf, sondern nur eine Art Springen wie bei einem Kilometerzähler im Auto. Der zeigt die gefahrenen Kilometer in 100-m-Schritten an – also digital.

Die Digitaltechnik kennt also nur bestimmte Werte; die Änderung von Wert zu Wert erfolgt immer sprunghaft.

Doch in der Natur sind alle Größen analog. Mithilfe der *Quantisierung* formt man eine analoge Größe in ein digitales Signal um. Hierunter versteht man die Zerlegung einer kontinuierlichen Signalgröße in eine endliche Zahl diskreter Intervalle. *Diskret* bedeutet wie auch bei den Bauelementen: einzeln, für sich, unabhängig.

In den meisten Fällen wird eine Amplitude quantisiert. Der gesamte Amplitudenbereich wird gleichmäßig abgestuft. Zu jeder Stufe gehört eine Zahl.

Das analoge Signal wird also abgetastet, es werden gewissermaßen in regelmäßigen Abständen Proben entnommen. Diese werden den nächstliegenden diskreten Werten zugeordnet. Schließlich werden diese Werte übertragen. Dafür hat sich die binäre Logik durchgesetzt, die nur 0 und 1 kennt.

In der Digitaltechnik triff man immer wieder auf Ausdrücke wie *Bit*, *Bitrate* oder auch *Bitstrom*. Ein Bit ist die kleinste digitale Informationseinheit. Das Kunstwort wurde aus dem Begriff *binary digits* (zweiwertige Stelle) gebildet. Das Bit geht also auf das Zweiersystem zurück, in dem nur mit zwei Werten hantiert wird, mit denen, ebenso wie im Dezimalsystem, beliebig große oder kleine Zahlen dargestellt werden können. Man benötigt nur vergleichsweise mehr Stellen.

Sinnvoll ist es, die Anzahl der möglichen Stellen der Aufgabe anzupassen. Weiterhin ist es aus technischen Gründen erforderlich, nur Stellenanzahlen von 4, 8, 16, 32 und 64 vorzusehen. Eine solche Folge von Stellen bezeichnet man als *Wort*. Lange Zeit waren 8 Bit breite Worte sehr populär. Ein solches Wort kann die Zahlen von 0 bis 255 ($11111111 = 128 + 64 + 32 + 16 + 8 + 4 + 2 + 1$), also 256 verschiedene Zahlen darstellen. Man nennt es *Byte*. Solche Wörter können mit unterschiedlicher Geschwindigkeit übertragen werden. Sie wird in Bit/s angegeben. Man spricht dann von *Bitrate* oder *Bitstrom*.

Die digitale Informationsverarbeitung entwickelte sich schnell zur Computertechnik weiter. Sie hat heute Einzug in fast alle Bereiche der Elektronik gefunden und sich hier wohl ebenso bahnbrechend ausgewirkt wie vor Jahrzehnten die Dampfkraft auf die Industrialisierung. Mit digitaler Elektronik lassen sich dank der Entwicklung hochintegrierter Halbleiterschaltungen Aufgaben lösen, die in der Analogtechnik entweder gar nicht oder nur mit außerordentlichem Aufwand zu bewältigen wären.

Wir sollten zwischen digitaler Kommunikationstechnik (Digital-TV) und digitaler Rechentechnik (Computer) unterscheiden. Einer der wesentlichsten Gründe für die rasante Entwicklung der digitalen Kommunikationstechnik ist die hohe mögliche Störsicherheit. Bei der Verarbeitung digitaler Informationen (Computer) wiederum kann man höhere Genauigkeit als mit der Analogtechnik erreichen und wesentlich besser speichern.

1.6 Die Sicherheit

Bei allen Messungen an der Hausinstallation oder an netzbetriebenen Geräten muss man es mit der Sicherheit sehr ernst nehmen. Nicht erst die Netzspannung, sondern auch deutlich geringere Spannungen sind lebensgefährlich.

Aber auch das Scope muss geschützt werden. Die IEC (International Electrotechnical Commission) entwickelt internationale Sicherheitsnormen für Messgeräte. Für Europa ist die EN 61010 (Europäische Norm) für Niederspannungs-Messgeräte maßgebend. Der Begriff „Niederspannung" darf hier nicht täuschen – „Niederspannung" bedeutet Wechselspannungen bis 1.000 V und Gleichspannungen bis 1.500 V. Auch USB-Scopes lassen sich einer bestimmten Überspannungskategorie zuteilen wie etwa Multimeter. Hier stoßen wir auf die Abkürzung CAT (category). Meist taucht das Kürzel nur im Manual auf, nicht aber auf dem Gerät oder im Händlerkatalog. Es folgen die römischen Zahlen I bis IV. Je höher die Zahl ist, umso besser ist das Messgerät geschützt. Eine zusätzliche Spannungsabgabe differenziert noch innerhalb einer Kategorie.

Schutzkategorie	Verwendung
CAT III	bis zur Hausinstallation
CAT II	bis zu Verbrauchern an 230-V-Steckdosen
CAT I	Messung von Kleinspannungen (max. 48 V)

Beim CE-Kennzeichen (*Abb. 1.17*), dem *europäischen Konformitätskennzeichen*, stehen die Buchstaben C und E für *Communautés Européennes*. Das ist Französisch und heißt *Europäische Union*. Ab 1996 dürfen nur noch Geräte mit diesem Kennzeichen auf den bundesdeutschen Markt gebracht werden. Dadurch bestätigt der Hersteller die Einhaltung der vielfältigen Konformitätsanforderungen der EU-Staaten. Rechtsgrundlage ist das Gesetz über die elektromagnetische Verträglichkeit (EMVG). Da die Hersteller jedoch zur Einhaltung der Konformitätsforderungen ohnehin verpflichtet sind, ist das

CE-Kennzeichen kein Qualitätszeichen (wie leider oft suggeriert), sondern lediglich ein der Bürokratie geschuldetes Verwaltungszeichen.

Abb. 1.17: Das CE-Kennzeichen hat in erster Linie Verwaltungsgründe.

2 Spannung, Strom, Widerstand und Leistung

Elektrische Spannung, elektrischer Strom, Widerstand und Leistung – obwohl diese Begriffe längst die Welt der Fachleute verlassen haben und auch im Alltag ganz selbstverständlich verwendet werden, hat doch so mancher Schwierigkeiten, sie zu erklären und damit umzugehen.

2.1 Die elektrische Spannung

Elektronen, also negative Ladungsträger, kann man auf verschiedene Weise von ihren Atomen trennen. Man erhält dann Pole mit verschiedenen Ladungen. Die elektrische Spannung gibt den Unterschied der Ladungen zwischen zwei Polen an. Spannungsquellen besitzen also immer zwei Pole mit unterschiedlichen Ladungen.

Der Begriff „Spannung" wurde also treffend gewählt. Wie bei einem Bogen, der gespannt wird, steht potenzielle Energie bereit. Die elektrische Spannung ist gewissermaßen der Druck zwischen zwei Polen und damit Ursache des elektrischen Stroms. Wir sollten uns eine Spannungsquelle als Wassergefäß vorstellen (*Abb. 2.1*).

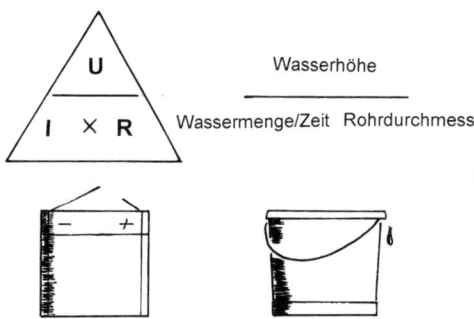

Abb. 2.1: Beim Verständnis der Elektrizität hilft der Vergleich einer Spannungsquelle mit einem Wasserbehälter.

Eine ideale Spannungsquelle wäre in der Lage, jeden beliebigen Strom zu liefern. Reale Spannungsquellen können nur endlichen Strom liefern. Man stellt sie sich daher als Kombination einer idealen Spannungsquelle mit einem Innen- oder Quellwiderstand vor (*Abb. 2.2*). Nur im unbelasteten Fall (Leerlauf) sind die Spannung der idealen Quelle (*Urspannung, Quellspannung* oder *Leerlaufspannung* genannt) und die Klemmenspannung identisch. In *Abb. 2.3* ist eine belastete Quelle mit möglichen Werten dargestellt.

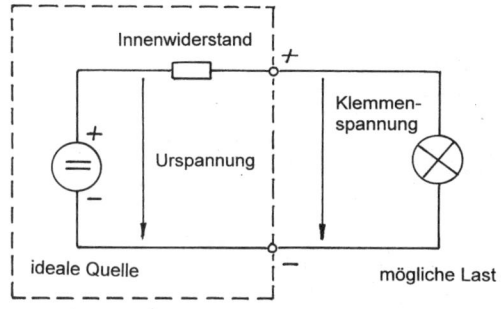

Abb. 2.2: Jede reale Spannungsquelle kann man sich wie eine ideale Spannungsquelle plus Innenwiderstand vorstellen.

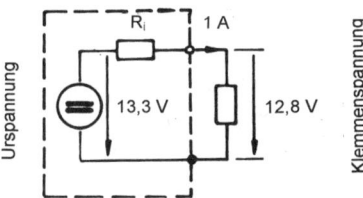

$R_i = (13{,}3\ \text{V} - 12{,}8\ \text{V})/1\ \text{A} = 0{,}5\ \text{V}/1\ \text{A} = 0{,}5\ \Omega$

Abb. 2.3: Mögliche Spannungs- und Stromwerte an einer Quelle

Alessandro Volta (*Abb. 2.4*) baute die erste technische Spannungsquelle, die *Voltasche Säule*, eine chemische Batterie. Ihm zu Ehren hat die elektrische Spannung die Einheit Volt (Name) bzw. V (Zeichen) ist auch das englische Formelzeichen, abgleitet von „voltage".

Abb. 2.4: Alessandro Volta

In der Elektrotechnik im Wohnbereich treten Spannungen von etwa 1 bis 400 V auf. Diese können nur teilweise mit dem USB-Scope gemessen werden. Einfach wird die Sache beispielsweise, wenn es sich um ein Gerät für Kleinspannung, zu erkennen an dem in *Abb. 2.5* gezeigten Symbol, handelt.

Abb. 2.5: Symbol für Schutzkleinspannung

In Elektronik und Hochfrequenz-Empfangstechnik treten Spannungen zwischen ungefähr einem Millivolt und 100 V auf. Ein USB-Scope kann sie in der Regel gut erfassen.

2.2 Der elektrische Strom

André Marie Ampère (*Abb. 2.6*) erklärte den Begriff der elektrischen Spannung und des elektrischen Stroms und legte die Stromrichtung fest. Außerdem wies er nach, dass zwei stromdurchflossene Leiter eine Kraft aufeinander ausüben.

Abb. 2.6: André Marie Ampère

In der Spannungsquelle wird elektrische Ladung getrennt und damit elektrische Spannung erzeugt. Schließt man an die beiden Pole einer Spannungsquelle einen Verbraucher an, erfolgt ein Ladungsausgleich. Es fließt ein Ladungsstrom (elektrischer Strom). Elektrischer Strom ist also die geordnete Bewegung von Ladungsträgern. Das können wir uns auch gut wie Wasser in einer Leitung vorstellen.

Die elektrische Stromstärke erhielt zu Ehren von Ampère die gleichnamige Einheit.

Ein USB-Scope kann Ströme nicht direkt messen. Man misst daher die Spannung über einem bekannten Widerstand und rechnet den Strom aus.

In der Netzspannungs-Elektrotechnik treten Ströme bis zu mehreren Ampere auf. In der allgemeinen Elektronik und in der Funkempfangstechnik liegen typisch vorkommende Ströme zwischen einigen 10 µA (Mikroampere) und einigen 100 mA (Milliampere).

Ursache des Stroms ist die Spannung. Wenn keine Spannung vorhanden ist, kann auch kein Strom entstehen. Da die Elektronen negativ geladen sind, ist die Bewegungsrichtung dieser Ladungsträger außerhalb der Quelle vom Minus- zum Pluspol. Man spricht von der *physikalischen Stromrichtung.* Da es ein wenig sinnwidrig erscheint, dass sich die Ladung von Minus nach Plus ausgleicht, und da es im Grunde nur auf eine einheitliche Definition ankommt, wurde als *technische Stromrichtung* die Richtung von Plus nach Minus festgelegt.

Bis 1958 definierte man die Stromstärke anhand der chemischen Stromwirkung. Heute definiert man 1 A als die Stärke eines zeitlich unveränderten Stroms durch zwei parallele Leiter, die im Abstand von 1 m infolge des Stroms eine bestimmte Kraft aufeinander ausüben. Dann fließt durch jeden Leiter eine ganz bestimmte Anzahl von Elektronen pro Sekunde. Und da jedes Elektron eine klitzekleine elektrische Ladung besitzt, kommt es immer zu einem Magnetfeld infolge elektrischen Stroms.

2.3 Der elektrische Widerstand und das ohmsche Gesetz

Kein Leiter ist ideal. Die Ladungsträger kommen nie ganz ungehindert voran. Bestimmte Stoffe, wie zum Beispiel Kohle, können weder als Leiter noch als Isolator angesehen werden, weil sie Ladungsträger stark, aber nicht vollständig behindern. Man nennt sie *Widerstandsmaterialien* und stellt daraus Bauelemente her: die *Widerstände.*

Je kleiner der Strom, desto größer der Widerstand. Aber es gibt noch eine weitere Abhängigkeit: Je größer die Spannung eingestellt wird (also der Druck der Ladungsträger), desto größer wird auch der Strom. Er ist also direkt proportional zur Spannung und indirekt proportional zum Widerstand.

Diese elementare Beziehung fand Georg Simon Ohm (*Abb. 2.7*) heraus. Ihm zur Ehre heißt sie *ohmsches Gesetz* und erhielt der elektrische Widerstand die Einheit Ohm.

Abb. 2.7: Georg Simon Ohm

Abb. 2.8: Hilfreich für Theorie und Praxis: das „ohmsche Merkdreieck"

Das ohmsche Gesetz verankern wir gedanklich als „Merkdreieck" wie in *Abb. 2.8* dargestellt.

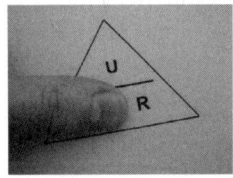

Abb. 2.9: I = U/R

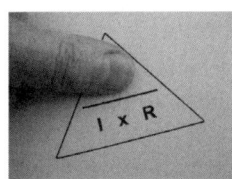

Abb. 2.10: U = I × R

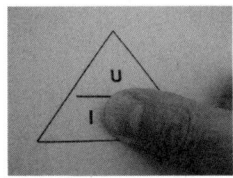

Abb. 2.11: R = U/I

Die *Abbildungen 2.9, 2.10* und *2.11* demonstrieren, warum dieses Merkdreieck so sinnvoll ist: Durch (gedankliches) Abdecken der gesuchten Größe finden wir die richtige Formel. Da die Grundeinheiten Ampere und Ohm für die Elektronik oft ungeeignet sind, liefert uns *Abb. 2.12* auch noch die „Elektronikvariante".

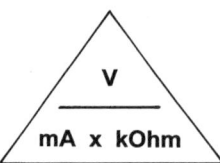

Abb. 2.12: Das „ohmsche Merkdreieck" für die Elektronik mit den passenden Einheiten

1 Ohm bedeutet beispielsweise einen Strom von 1 A bei 1 V, aber auch 10 A bei 10 V. Und 1 kOhm kann 1 mA bei 1 V bedeuten, aber auch 10 mA bei 10 V.

2.4 Die elektrische Leistung

Leistung wird definiert als *Energieänderung je Zeiteinheit*. In der Elektrotechnik ist das die Energie, die an einem Verbraucher umgesetzt wird. Die einem Verbraucher zugeführte elektrische Energie entspricht der Summe aller Energien, die der Verbraucher abgibt, z. B. mechanische Energie, Wärme- und Strahlungsenergie usw.

Die elektrische Leistung ist das Produkt aus elektrischer Spannung und Stromstärke. Die Leistung wird in Erinnerung an den Dampfmaschinenkonstrukteur in Watt angegeben. Das Formelzeichen ist P (power).

Es gilt: $P = U \times I$

Eine Spannung von 230 V und eine Stromstärke von 0,2 A bedeuten ebenso eine Leistung von 46 W wie eine Spannung von 23 V und eine Stromstärke von 2 A.

2.5 Warum Hoch- und Niederspannung?

Werner von Siemens baute nicht nur den ersten Stromgenerator, sondern gründete auch die nach ihm benannten Werke, wo der Generator in Serienproduktion ging und fortan das elektrische Licht zu den Menschen brachte. In der Folge hielt die Elektrizität Einzug in immer größere Bereiche des Lebens.

In dieser Zeit wirkten auch Nikola Tesla und Michail von Dolivo-Dobrowolsky, die Pioniere des Wechselstroms waren und durch ihre Erfindungen die Grundlagen der heutigen Energieversorgungssysteme schufen.

In dieser Frage hat der berühmte Thomas Alva Edison versagt, da er auf Gleichstrom setzte und Tesla vor den Kopf stieß. Dabei sind die Vorzüge von Wechselstrom einfach zu erkennen: Er lässt sich auf einfachere und zuverlässigere Weise als Gleichstrom erzeugen, für den Transport hoch- und beim Verbraucher auf einen beliebigen Wert herabtransformieren. Erst das erlaubt einen hohen Wirkungsgrad der Übertragung.

Mit dem *Wirkungsgrad* sind die gefährlich hohen Spannungen erklärbar, die sowohl auf unseren Hochspannungsleitungen (Hunderte von Kilovolt!) als auch auf den Leitungen der Hausinstallation (230 V) auftreten.

Um das zu verstehen, betrachten wir *Abb. 2.13* und *2.14*.

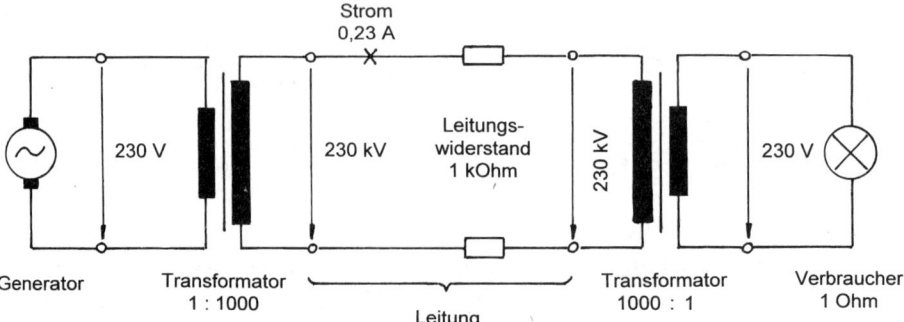

Abb. 2.13: Praktisch verlustfreie Hochspannungsübertragung

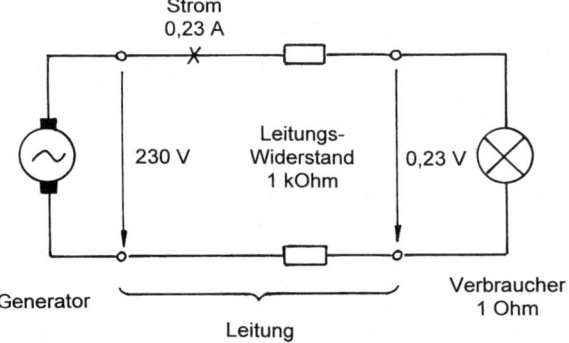

Abb. 2.14: Bei Direktübertragung der 230 V würde praktisch alle Leistung in der Leitung umgesetzt werden.

Ganz deutlich zeigt sich: Beim Hochtransformieren der 230 V vom Generator erfolgt die Übertragung praktisch verlustlos. Der Transformator vor dem Verbraucher transformiert dessen Widerstand mit dem Faktor 1.000 x 1.000, sodass die Leitung gewissermaßen 1 MOhm sieht. Da 1 MOhm tausendmal größer ist als der Leitungswiderstand 1 kOhm, erscheint die eingespeiste Spannung nahezu vollständig am zweiten Trafo. Ohne Transformatoren hingegen kommt am Verbraucher so gut wie nichts an, denn nun ist der Leitungswiderstand tausendmal größer als der Verbraucher.

Interessant ist dabei: In beiden Fällen sind der Leitungsstrom (230 mA) und somit der Leitungsverlust (52,9 W) gleich. Nur erhält der Verbraucher mit Hochspannungsübertragung eben 52.900 W, während bei Direktversorgung die Lampe dunkel bleibt.

Lediglich bei den relativ kurzen Strecken in Wohngebieten und Häusern sind keine Kilovolt mehr erforderlich. Dennoch muss mit 230 V in Europa oder 115 V in den USA noch mit gefährlich hohen Spannungen gearbeitet werden. Auch diese werden oft noch herabtransformiert. Erst dann entsteht eine ungefährliche Kleinspannung, wie wir sie etwa auf der „Klingelleitung" vorfinden.

3 Der Universal Serial Bus (USB)

Schnittstellen waren schon immer ein wichtiges Thema in der Computertechnik. Die Personal Computer sind durch serielle (RS-232, RS-422, PS/2 für Tastatur und Maus, Apple Desktop Bus) und parallele (Centronics) sowie analoge (Gameport) Schnittstellen gekennzeichnet. Inzwischen hat der mit Windows 98 eingeführte USB (Universal Serial Bus) die Hauptrolle übernommen. Diese Spitzenposition verdankt er einigen markanten Verbesserungen.

3.1 USB näher vorgestellt

Das runde, recht dünne Kabel lässt es vermuten: Beim USB erfolgt die Übertragung seriell. Daher dauert es zwar etwas länger als bei paralleler Übertragung, spart aber Material und verspricht höchste Störsicherheit.

Der USB überträgt die Daten in gleich großen, standardisierten Gruppen. Der Fachmann spricht von *packets* (Päckchen) und *frames* (Rahmen). Dieses Verfahren erlaubt eine hohe Datensicherheit bzw. eine effiziente Fehlerkontrolle.

Die Datenübertragung erfolgt über zwei verdrillte Leitungen. Man nennt das *symmetrische Übertragung*. Die Leitungen sind gleichwertig und nicht mit Masse verbunden. Die eine Leitung überträgt das Signal unverändert, die andere das invertierte Signal. Der Empfänger fasst die Differenz beider Signale ab – der Spannungsunterschied zwischen H und L verdoppelt sich somit, was die Störsicherheit entsprechend erhöht.

Hinzu kommen zwei Leitungen zur möglichen Stromversorgung der am USB angeschlossenen Geräte. Man unterscheidet die Geräte in *self-powered* (eigenes Netzteil) und *bus-powered* (vom USB versorgt).

Die USB-Spezifikation sieht einen *Host Controller* (Wirt, Master) vor, der die angeschlossenen Geräte (*Slave Clients* genannt) koordiniert. Dabei können theoretisch bis zu 127 verschiedene Geräte angeschlossen werden. Aber Achtung: An einen USB-Port lässt sich immer nur ein USB-Gerät anschließen. Für mehrere Geräte an einem Host benötigt man daher noch einen Verteiler (eng. *Hub*) zwecks Kopplung. Daran passen mindestens drei Geräte. Durch Hubs entsteht also eine Baumstruktur, die im Host Controller endet.

Bei einem Bus werden mehrere Geräte parallel an eine Leitung angeschlossen (gewissermaßen die Bus-Stationen). Die Bezeichnung *Bus* bezieht sich beim USB aber lediglich auf die logische Vernetzung – die elektrische Seite ist durch Punkt-zu-Punkt-Verbindungen gekennzeichnet.

Damit nicht für jedes Gerät ein eigener Treiber erforderlich ist, definiert der USB-Standard verschiedene Geräteklassen, die sich durch generische Treiber steuern lassen. Daher sind USB-Geräte mit ihren grundlegenden Funktionen sofort startklar.

Der USB kennt bislang drei Geschwindigkeitsklassen:

- Low-Speed   1,5 Mbit/s
- Full-Speed   12 Mbit/s
- High-Speed   480 Mbit/s

3.2 USB – bemerkenswerte Vorteile

Die Bezeichnung *universal* (universell) kann man wörtlich nehmen, denn der USB ist nicht nur für viele interne Komponenten und externe Geräte, wie Festplatte, CD/DVD-Laufwerk, Drucker, Scanner, Webcam, Maus und Tastatur, wie geschaffen. Einige Geräte, wie z. B. die USB-Sticks, sind durch ihn überhaupt erst möglich geworden.

Die hohe Vielseitigkeit des USB rührt vor allem daher, dass er Geräte mit geringem Stromverbrauch (Maus, Telefon, Tastatur oder eine kleine Festplatte) selbst mit Strom versorgen kann. Pro Anschluss zur Stromversorgung sind 500 mA (High Power) oder 100 mA (Low Power) möglich. Die Spannung beträgt 5 V.

Der USB ersetzte viele ältere PC-Schnittstellen, hat sogar PCMCIA-Slots und externe SCSI-Schnittstellen weitgehend verdrängt. Er bietet deutlich höhere Übertragungsraten, besonders in der aktuellen USB-2.0-Spezifikation. Ob Festplatten, TV-Schnittstellen, Digitalkameras oder USB-Scopes – diesen meist an eine hohe Übertragungsrate gebundenen Anwendungen steht damit der Weg zum PC offen. USB-Geräte können im laufenden Betrieb angeschlossen und getrennt werden.

Mit *USB On-the-go* (OTG) gekennzeichnete Geräte können direkt miteinander kommunizieren. Ein Computer für die Host-Funktion ist verzichtbar. Mögliche Einsatzgebiete sind die Verbindung von Digitalkamera und Drucker oder der Austausch von Musikdateien zwischen zwei MP3-Playern.

Hinter *Wireless USB* stehen zwei „Drahtlos-Initiativen" (der Firmen Cypress und Atmel). Das eine System erlaubt im Grunde nur, drahtlose Endgeräte zu bauen, die über einen am USB angeschlossenen Empfänger/Sender (Transceiver) mit dem Computer kommunizieren. Die zweite Initiative ist wesentlich anspruchsvoller und beruht z. B. auf Chips von Intel und NEC. Ziel ist es, die vollen 480 Mbit/s des High-Speed-Übertragungsmodus drahtlos zu übertragen.

Das *USB Implementers Forum* hat 2008 den Standard USB 3.0 fertiggestellt. Hier kommen Lichtwellenleiter ins Spiel, Datenraten bis zu mehreren Gbit/s sind möglich.

Gleichzeitig bleiben Stecker und Geräte abwärts kompatibel. Erste Geräte auch für USB 3.0 darf man 2009/2010 am Markt erwarten.

3.3 Die Stecker und das Kabel

Die Stecker eines USB-Kabels sind verpolungs- und vertauschungssicher. Ein Kabel hat in aller Regel verschiedene Stecker. In Richtung des Host Controllers wird der flache Stecker (Typ A) verwendet. Zum angeschlossenen Gerät hin ist das Kabel entweder fest angeschlossen oder wird über einen annähernd quadratischen Stecker (Typ B) angeschlossen. In *Abb. 3.1* sind die Standardstecker gezeigt.

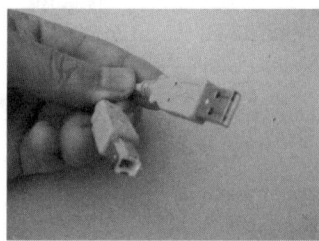

Abb. 3.1: Ansicht der Standardstecker des USB-Kabels

Die vier Anschlüsse sind folgendermaßen nummeriert/bezeichnet:

1   +5 V

2   Data -

3   Data +

4   Masse

Die Anschlusslage geht aus *Abb. 3.2* hervor. Für besonders kleine Geräte gibt es filigranere Steckervarianten: Mini- und Micro-USB-Stecker. Man trifft, je nach Gerätehersteller, auf verschiedene Bauformen mit unterschiedlichen Pins. In *Abb. 3.3* sind der normale PC-Stecker und der kleine Gerätestecker (Digitalkamera) sowie integrierte Drosseln für höchste Störsicherheit (als Extra bei diesem Kabel) erkennbar. Der USB-Standard kennt lediglich vier- und fünfpolige Stecker.

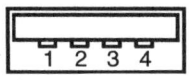 

Abb. 3.2: Lage der vier Anschlüsse bei den Standardsteckern

Abb. 3.3: Die beiden Seiten eines USB-Kabels zum Anschluss einer Digitalkamera

Auch beim Micro-USB-Stecker gibt es einen Typ A (rechteckige Bauform, für die Host-Seite) und einen Typ B (Trapezform, für die Geräteseite).

USB-Stecker für den industriellen Einsatz sind quadratisch.

Die Länge eines Kabels vom Hub zum Gerät ist auf fünf Meter begrenzt. Das genügt im Allgemeinen für USB-Scopes. Nicht jedes Kabel kann höchste Datenraten übertragen. Man unterscheidet zwischen *Low-Speed-* und *High-Speed-Kabel*.

Nur intern trifft man auf Low-Speed-Kabel. Alle externen Geräteverbindungskabel sind High-Speed-Kabel. Der Anwender hat also kein Auswahlproblem.

Die Technik des USB ist faszinierend: Während die Busleitung nur vier Adern hat und somit, dem Trend der Zeit folgend, leicht kleine Steckverbinder für durch Vollelektronik und Digitaltechnik „geschrumpfte" Geräte (z. B. MP3-Player, Digitalkameras oder Handys) ermöglicht, zaubert das Gesamtkonzept mit Host Controller und Hubs eine erstaunliche Leistungsfähigkeit bei unkomplizierter Anwendung. So erstaunt es nicht, dass Computeroszilloskope ihr Steckkarten-Dasein beendet haben und nun via USB als flexible externe Geräte mit dem PC kommunizieren.

USB – wichtige Entwicklungsschritte

1996	Intel führt den USB 1.0 in den Markt ein
1998	überarbeitete Spezifikation USB 1.1
2000	USB 2.0 wird spezifiziert (480 Mbit/s)
2001	USB-OTG-Spezifikation verabschiedet
2002	erste Produkte für USB 2.0 erscheinen am Markt
2007	Intel-Initiative zur Spezifikation von USB 3.0
2008	erste „echte" USB-Wireless-Geräte

Der USB in der Messtechnik – Fragen und Antworten

Was ist der USB?
Der Universal Serial Bus dient dem Anschluss externer Geräte an Computer.

Welches sind typische USB-Geräte?
Das sind Geräte mit niedrigen und mittleren Anforderungen an die Übertragungsrate, wie Tastatur, Maus, Modem, Drucker, Scanner, Joystick oder Geräte zur Messdatenerfassung, wie USB-Scopes oder Datenlogger.

Wie schnell ist der USB 1.0/1.1?
Die physikalische USB-Datenrate beträgt 12 Mbit/s. Das bedeutet eine maximale theoretische Datenrate von 1,5 MByte/s (12 Mbit/s / 8; ein Byte = 8 bit). Das Codierungsverfahren reduziert u. a. die praktisch mögliche Datenrate auf etwa 1 MByte/s.

Was bedeutet Low-Speed-Modus?
Dieser mit 1,5 Mbit/s achtmal langsamere Modus (8 x 1,5 Mbit/s = 1,5 MByte/s) wird zusätzlich unterstützt. Diese Daten werden in den 12-Mbit/s-Datenstrom eingebettet. Die Low-Speed-Datenrate eignet sich für „langsame" Geräte wie Tastatur und Maus.

Was ist neu an USB 2.0?
Die Spezifikation USB 2.0 ist typischerweise 40-mal schneller (High-Speed) als USB 1.0/1.1 und hat sich daher vielfach etabliert. USB 2.0 ist uneingeschränkt abwärts kompatibel. Für Peripheriegeräte, die auf eine kontinuierliche Übertragung angewiesen sind, kann eine bestimmte Bandbreite reserviert werden.

Wie erfolgt die Übertragung?
Die Übertragung erfolgt im Paket-Verfahren, das wiederum auf Frames (Rahmen) zu je 1 ms Dauer basiert. Es werden also 1.000 Frames pro Sekunde übertragen. Ein Frame kann Daten verschiedener Peripheriegeräte enthalten, aber auch Interrupts signalisieren oder neu hinzugekommene Geräte/Komponenten erkennen.

Wie ist das USB-Kabel aufgebaut?
Das USB-Kabel enthält zwei Adernpaare: eines für die unsymmetrische Datenübertragung und eines für die Stromversorgung der Peripherie. Die Stecker haben dementsprechend vier Kontakte.

Wie funktioniert die Stromversorgung über den Bus?
Das USB-Kabel bietet nominell 5 V DC. Die Geräte werden in High-Power- und Low-Power-Klassen eingeteilt. In der High-Power-Klasse sind bis 500 mA möglich, in der Low-Power-Klasse 100 mA. Voraussetzung für High-Power-Geräte ist jedoch, dass sie an Hubs mit eigener Stromversorgung angeschlossen werden.

Was ist ein Hub?
Ein Hub ist ein Verteiler, mit dem die USB-Struktur zur Baumstruktur wird. An einen Hub kann man also mehrere (mindestens drei) USB-Geräte anschließen.

Hubs sind als externe Komponenten erhältlich oder beispielsweise in einigen Monitoren eingebaut. Unpowered-Hubs (ohne Stromversorgung), wie sie z. B. in Tastaturen vorkommen, können nur Peripheriegeräte der Low-Power-Klasse versorgen.

Wie erkennt der USB die Power-Klasse?

Beim Anschluss eines neuen Geräts an den USB wird dem System automatisch mitgeteilt, ob es sich um ein High-Power- oder ein Low-Power-Gerät handelt. Ein entsprechender Warnhinweis, wenn ein High-Power-Gerät von einem Unpowered-Hub nicht versorgt werden kann, ist per Software möglich.

Wie viele Geräte sind möglich?

Laut Spezifikation können an einen USB-Port bis zu 127 Geräte angeschlossen werden. Das erfordert natürlich eine entsprechende Konfiguration und senkt die Datengeschwindigkeit in der Praxis erheblich. Tatsächlich werden weit weniger Geräte angeschlossen – selten mehr als zehn.

Was tun, wenn am Rechner kein USB-Anschluss mehr frei ist?

Dann muss man an einen der belegten USB-Anschlüsse einen Verteiler (Hub) anschließen, der weitere USB-Buchsen zur Verfügung stellt. Es ist möglich, bis zu fünf Hubs zu kaskadieren.

Wann muss ein Rechner hergestellt sein, um USB zu haben?

Fast alle PCs und Notebooks, die seit Anfang 1997 ausgeliefert wurden, haben – in der Regel zwei oder mehr – USB-Ports. Die meisten übrigen PCs lassen sich mit einer USB-Einsteckkarte ausrüsten. Diese benötigt natürlich einen freien PCI-Steckplatz.

Welche Betriebssysteme unterstützen den USB?

Volle Unterstützung geben Windows 98, ME, 2000, XP und Vista. Auch die neueren Apple-Macintosh-Modelle, wie iMac oder Power Mac G3, verfügen über den USB, benötigen zur Nutzung aber Mac-spezifische Treiber.

4 Das Oszilloskop und seine Bedienung

Bei den USB-Scopes versucht man, die Bedienelemente der traditionellen „Hardware"-Oszilloskope nachzubilden. Darüber hinaus gibt es beim Oszilloskopieren aber einige Dinge zu beachten, die für den Messerfolg entscheidend sind.

4.1 Die wichtigsten Bedienelemente

Jedes Einkanaloszilloskop lässt sich in vier wesentliche Funktionsblöcke zerlegen, wie sie Abb. 4.1 zeigt. Und zu jedem Funktionsblock gehören spezifische Bedienelemente.

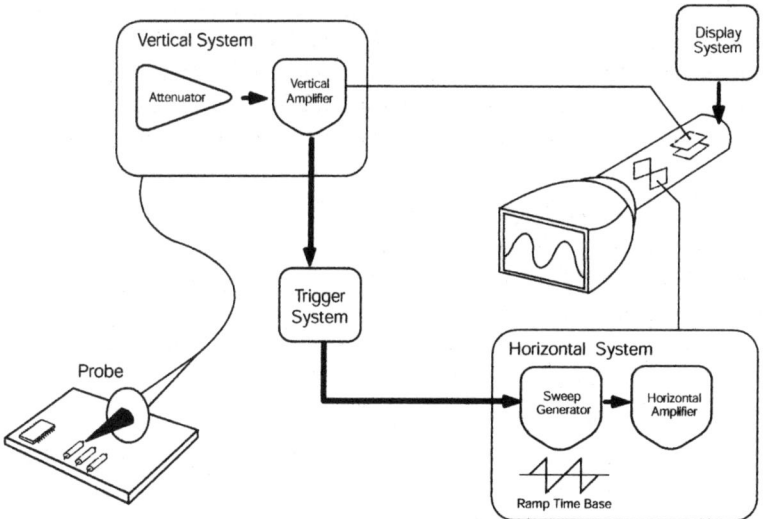

Abb. 4.1: Grundaufbau eines analogen Oszilloskops (Quelle: Tektronix)

Vertical System (Y)
Hier handelt es sich im Wesentlichen um eine in der Dämpfung bzw. Verstärkung schaltbare Dämpfungsglied-Verstärker-Kombination (attenuator, vertical amplifier), die eine typische Eingangsimpedanz von 1 MOhm/30 pF besitzt. Der Messsignalpegel wird hiermit für eine gut sichtbare Darstellung der Bildröhre bzw. dem Display anpasst.

Zum Vertikalteil gehören ein Schalter für kapazitiven oder galvanischen Eingang, ein Drehschalter nebst Feinsteller für die Y-Amplitude und ein Steller für die vertikale Position des Strahls.

Soll eine Gleichspannung gemessen werden, muss der Eingang galvanisch sein. Das kürzt man mit DC (direct current) ab. Interessiert hingegen nur die einer Gleichspannung überlagerte Wechselspannung, schaltet man auf AC (alternate current). Im Eingang liegt dann ein Kondensator. Mit dem Drehschalter wird die Dämpfung/Verstärkung dieses Teils so festgelegt, dass der Elektronenstrahl in vertikaler Richtung um mehrere Zentimeter abgelenkt wird.

Trigger System
Dieser Teil sorgt für ein stehendes Bild. Die Triggereinrichtung hat also die Aufgabe, die horizontale Ablenkung mit der vertikalen zu synchronisieren. Ein Sägezahngenerator im Horizontalteil muss dazu synchron zur Messsignalfrequenz „angestoßen" (getriggert) werden. Man spricht auch von Zeitablenkung. Die Triggerschaltung erzeugt aus den unterschiedlichsten Signalen einen definierten Triggerimpuls.

Die meisten Bedienelemente gehören zum Triggerteil. Ein Drehschalter dient zur Auswahl der Triggermöglichkeiten: Man kann auf die steigende oder fallende Flanke des Messsignals, mit der Netzspannung 50 Hz (LINE) oder mit einem externen Signal triggern. Mit einem zweiten Schalter kann man zwischen der Betriebsart AUTO und mindestens einer anderen Betriebsart wählen. Im Automatikbetrieb startet die Zeitablenkung bei 0 V Triggerschwelle. Der Sägezahngenerator läuft frei und schreibt daher eine Nulllinie auch ohne Messsignal. Dies ist die übliche Betriebsart. Ist ein triggerndes Signal vorhanden und man schaltet AUTO aus, bleibt das Bild unverändert bestehen. Hingegen verrutscht es waagerecht, wenn der Schalter für die Flanke betätigt wird. In aller Regel ist noch ein Steller für den Triggerpegel vorhanden.

Horizontal System (X)
Den Horizontalteil bilden im Wesentlichen ein triggerbarer Sägezahngenerator (sweep generator) und ein Verstärker für die horizontale Ablenkung des Signals (horizontal amplifier).

Das auffallendste Bedienelement ist der Drehschalter für die Kippfrequenz nebst Feinregler. Hinzukommen ein Steller für die horizontale Bildposition sowie eventuell ein Schalter, mit dem sich das Bild in X-Richtung um einen bestimmten Faktor dehnen lässt.

Mit dem Drehschalter für die Kippfrequenz stellt man das Bild so ein, dass ein kompletter Wellenzug bzw. ein vollständiges Wort abgebildet wird. Natürlich kann man es erforderlichenfalls etwas spreizen, um Details besser zu erkennen. Der Steller für den Triggerpegel ist verantwortlich, wenn das Bild „zappelt". Bei einfachen Oszilloskopen empfiehlt es sich, mit dem Feinsteller für die Kippfrequenz noch etwas nachzuhelfen. Schlagen jedoch alle Bemühungen fehl, muss man davon ausgehen, dass die untersuchte Schaltung schwingt. Das Oszilloskop zeigt diesen Zustand durch Jittern (Zittern) an.

Beim digitalen Oszilloskop spricht man hier oft von Zeitbasis (timebase).

Display System
Zur Strahleinstellung gehören die Steller für Helligkeit, Schärfe, Strahlposition (X und Y) sowie Bildschirmbeleuchtung. Diese Bedienelemente werden dazu benutzt, den Elektronenstrahl bzw. die Displayansteuerung so zu optimieren, dass der Betrachter das beste Bild erhält.

Außer den genannten Bedienelementen kann z. B. noch ein Schalter zum Einfügen eines Tiefpasses vorhanden sein. Er dient zur besseren Untersuchung komplexer Signale wie sie besonders in der Fernsehtechnik (TV) vorkommen und sollte diesem speziellen Zweck vorbehalten bleiben. Weiter könnte bei besseren Oszilloskopen eine Bandbreitenumschaltung vorhanden sein. Die Reduzierung der Bandbreite führt auch zu einer Reduzierung des Rauschens, da sich dieses gleichmäßig auf alle Frequenzen verteilt.

4.2 Vorbereitung zur Messung

Amplitude und *Frequenz* sind die Größen, um die es beim Messen am häufigsten geht. Wenn das Oszilloskop einen dieser Messwerte liefern soll, muss man sicher sein, dass alle Steller und Schalter in der normalen Ausgangslage sind. Diese ist für die Feinsteller markiert. Ein eventuell vorhandener Schalter für horizontale Dehnung muss in Normalstellung stehen. Außerdem sollte klar sein, ob sich die Bezeichnung – wie üblich – auf Rastereinheiten (division, div) oder cm bezieht.

Bestehen bei Messsignalquelle und Oszilloskop Netzbetrieb, sind Störeinkopplungen möglich. Der Netzanschluss beider Geräte sollte möglichst nahe (Doppelsteckdose) erfolgen. Ein USB-Scope am netzbetriebenen PC sollte als netzbetriebenes Oszilloskop angesehen werden.

4.3 Spannungsmessung

Der Spitze-Spitze-Wert des Messsignals lässt sich besonders bei Verkleinern der Kippfrequenz gut ablesen. Wird dieser Wert bei einer Sinusspannung mit 0,35 multipliziert, erhält man den Effektivwert.

Vorsicht bei hohen Frequenzen! Wird eine Messspannung mit der Grenzfrequenz des Oszilloskops angelegt, entsteht ein Fehler von −29 % bzw. −3 dB. Aus Abb. 4.2 kann man ersehen, dass beispielsweise ein Signal von 0,3 Grenzfrequenz mit einem Fehler von −3 % abgebildet wird, ein Signal mit 0,6 Grenzfrequenz mit Fehler −10 %. Man muss im letzten Fall die abgelesene Auslenkung durch 0,9 teilen oder mit 1,11 multiplizieren, um den richtigen Wert zu erhalten. Erstreckt sich das Signal beispielsweise über 3,5 Kästchen, entspricht die Spitze-Spitze-Spannung 3,9 Kästchen.

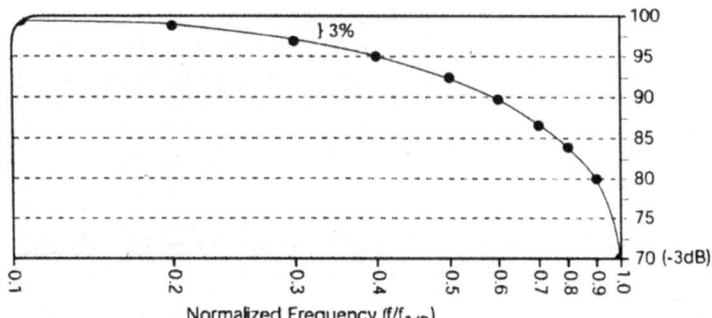

Abb. 4.2: Normierter Frequenzgang eines analogen Oszilloskops. Bei digitalen Oszilloskopen können gewisse Abweichungen auftreten. (Quelle: Tektronix)

Nur wenn die Frequenz des Messsignals nicht größer als 20 % der Grenzfrequenz ist, entsteht praktisch kein Fehler.

Im Bild wurde der optimale Frequenzgang gezeigt. Von Modell zu Modell kann es Abweichungen geben. Diese sind in aller Regel gering.

4.4 Frequenzermittlung

Die Frequenz zu ermitteln ist nicht ganz so einfach. Hier macht ein wenig Übung den Meister. Folgende drei Schritte führen zum Ziel:

- Länge der Periodendauer ermitteln (Wie lang ist ein vollständiger Schwingungszug?)
- Länge der Periodendauer und Wert, auf den der Drehschalter für die Kippfrequenz zeigt, multiplizieren
- Kehrwert des Ergebnisses bilden

Ein Beispiel illustriert dieses Vorgehen: Angenommen, man hätte die Länge der Schwingung – am besten mithilfe des X-Stellers, der das Bild waagerecht verschiebt – zu 2 cm ermittelt (1. Schritt). Der Drehschalter soll sich in Stellung 1 ms/cm befinden. Dann folgt die Periodendauer zu 2 ms (2. Schritt) und die Frequenz zu 500 Hz bzw. 0,5 kHz (3. Schritt).

> *Merke: Werden Millisekunden eingesetzt, so ergibt sich die Frequenz immer in kHz. Werden hingegen Mikrosekunden eingesetzt, erhält man die Frequenz in MHz.*

4.5 Ermittlung einer Phasenverschiebung

Hat man ein Zweikanaloszilloskop, kann man eine Phasenverschiebung einfach feststellen (Abb. 4.3). Gibt es nur einen Kanal, ist das auch möglich, aber nicht ganz einfach. Man muss im XY-Betrieb arbeiten und dann anhand der erscheinenden Abbildung (Lissajous-Figur genannt) auf den Phasenunterschied schließen. Abb. 4.4 zeigt eine ganze Palette dieser nach einem französischen Physiker benannten Schirmbilder.

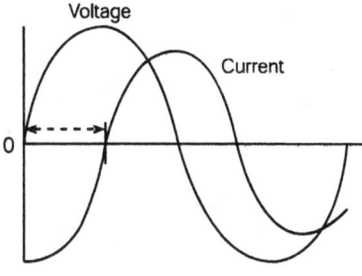

Abb. 4.3: Phasenverschiebung von 90 Grad zwischen zwei Signalen (Quelle: Tektronix)

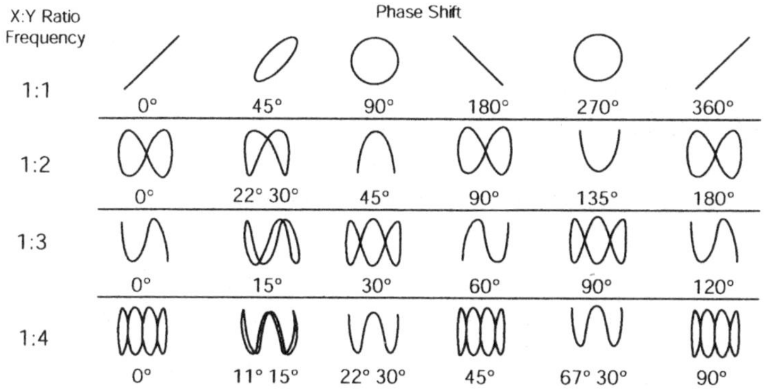

Abb. 4.4: Lissajous-Figuren lassen auf den Phasenversatz schließen. (Quelle: Tektronix)

Der XY-Betrieb geht auf die analogen Scopes zurück. Digitale Oszilloskope haben meist gewisse Schwierigkeiten, ihn in Echtzeit und somit für die Phasenversatzermittlung tauglich zu offerieren. Wichtig bei der Ermittlung einer Phasenverschiebung kann die Länge der Kabel sein. Besteht eine große Differenz, kann ein Laufzeitunterschied das Ergebnis verfälschen.

4.6 Wenn ein zweiter Kanal hinzukommt

Beim Zweikanal-Oszilloskop wächst die Anzahl der Knöpfe und Schalter weiter an. Nicht nur, dass die Bedienelemente des Y-Teils nun doppelt vorhanden sind – es kommen auch einige Schalter hinzu, die den Modus des Zweikanalers betreffen. Bei analogen Zweikanal-Oszilloskopen unterscheidet man zwischen den Betriebsarten Alternate und Chopper.

Im ersten Fall schreibt das Oszilloskop einen kompletten Schwingungszug des einen Signals, einen kompletten Schwingungszug des zweiten usw. Für mittlere und hohe Frequenzen bietet sich dieses Verfahren besonders an.

Im zweiten Fall lässt sich der Elektronenstrahl zwischen den Umschaltungen mehr Zeit und richtet sich nicht nach den Signalen, sondern hat eine feste Umschaltfrequenz. Diese ist mit beispielsweise 50 kHz so hoch, dass für das Auge beide Kurven gleichzeitig sichtbar sind. Hier kann es durchaus passieren, dass ein wichtiger Abschnitt des Signals „verschluckt" wird. Dieses Verfahren empfiehlt sich mehr für niedrige und mittlere Frequenzen, wobei eine gute Abbildung erfolgt. In Abb. 4.5 sind diese Betriebsarten dargestellt.

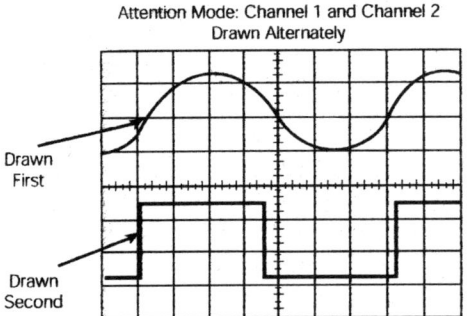 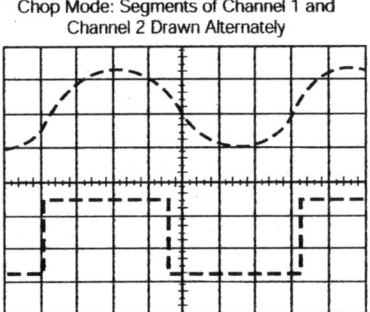

Abb. 4.5: Alternate- (links) und Chopper-Betrieb (Quelle: Tektronix)

Das Zweikanal-Oszilloskop besitzt also zwei Kanäle, aber nur einen Strahl. Anders das aufwendigere und kostspieligere Zweistrahl-Oszilloskop: Hier entfallen die genannten Betriebsarten. Es gibt zwei autonome Systeme. Digitaloszilloskope können den Zweikanalbetrieb grundsätzlich mit zwei Methoden bewältigen:

Multiplexbetrieb (das „Nacheinander-Abtasten" der Kanäle)
Es erfolgt ein ständiges Umschalten durch den Multiplexer. Pro Kanal benötigt man eine Sample-&-Hold-Baustufe, aber insgesamt nur einen A/D-Wandler, vergleichbar mit dem analogen Zweikanal-Oszilloskop.

Simultanbetrieb (simultanes Sampling auf beiden Kanälen)
Hier sind die Kanäle zunächst völlig unabhängig und besitzen je einen A/D-Wandler, vergleichbar mit dem analogen Zweistrahl-Oszilloskop.

Eine Umschaltung zwischen Alternate- und Chopper-Betrieb kann im ersten Fall vorgesehen sein. Man muss hier davon ausgehen, dass sich die im Prospekt genannte Sampling Rate bei Nutzung beider Kanäle gewissermaßen auf diese aufteilt. Die praktisch nutzbare Bandbreite wird also reduziert. Das simultane Sampling mit zwei A/D-Wandlern vermeidet diese schwerwiegende Einschränkung.

Zusammenfassung

Die Oszilloskophersteller können dem Benutzer eine gewisse Vielfalt an Bedienelementen nicht ersparen. Um dem Anwender den Umgang dennoch zu erleichtern, wurden die zu den vier großen Funktionsblöcken gehörenden Bedienelemente örtlich auf der Frontplatte zusammengefasst.

Die Bedienelemente eines Oszilloskops lassen sich den vier Baugruppen X- und Y-Teil, Triggerung und Display zuordnen. Ein wenig Hintergrundwissen zur Funktion erleichtert daher die Bedienung. Es gibt kaum ein Oszilloskop, das nicht ergonomisch perfekt durchdacht ist. Daher kann man sich in die Bedienung dieses vielseitigen Messinstruments schnell hineinfinden und alle Möglichkeiten ausnutzen.

Bei der Ermittlung der Amplitude muss man den frequenzabhängigen Fehler beachten, bei der Ermittlung der Frequenz muss man etwas rechnen. Phasendifferenzen kann man, steht kein zweiter Kanal zur Verfügung, im XY-Betrieb ermitteln (Lissajous-Figuren).

Bei der Wahl zwischen *Alternate-* und *Chopper-Betrieb* ist die Signalfrequenz entscheidend. DSOs *(digital storage oscilloscopes), also auch USB-Scopes, sind meist Zweikanalgeräte. Der* Multiplexbetrieb verspricht geringe Anschaffungskosten, der Simultanbetrieb keine Einschränkung von Abtastrate bzw. Bandbreite bei Nutzung beider Kanäle.

5 Digitale Oszilloskope

Obwohl es digitale Oszilloskope noch nicht sehr lange gibt, zeigen sie sich in verschiedenen Grundtypen und sind teilweise sehr leistungsfähig. Im Gegensatz zu analogen Scopes sind einige interessante Features möglich, wie:

- erweiterte Triggermöglichkeiten (Slew-Rate-Trigger, Pulsbreiten-Trigger, Logik-Trigger)
- mathematische Operationen (Signaladdition, -subtraktion, -integration oder schnelle Fourier-Analyse)
- Zoom
- Cursor
- PC/Drucker-Anschluss.

Folgend finden Sie die Erklärung der Grundfunktion und die Vorstellung der verschiedenen Grundtypen.

5.1 Die Analog-Digital-Wandlung

Im Gegensatz zum Analogoszilloskop besitzt ein Digitaloszilloskop einen Analog-Digital-Wandler (ADC, analog-digital converter) – siehe *Abb. 5.1*. Darin wird das Signal in regelmäßigen Abständen „abgetastet". Das heißt: Über einen elektronischen Schalter werden „Signalproben" an einen Kondensator gegeben, der kurzzeitig für einen festen Wert sorgt. In dieser kurzen Zeit kann die Signalprobe exakt vermessen und mit einem digitalen Wert versehen werden. Diese Werte stehen fortlaufend am Ausgang des ADC an.

Bei der Abtastung muss das von Nyquist und Shannon aufgestellte Abtasttheorem berücksichtigt werden: Nur ein Signal, das mindestens mit doppelter maximaler Signalfrequenz abgetastet wird, kann exakt digitalisiert werden. Für ein 10-MHz-Signal braucht man also eine Abtastfrequenz von mindestens 20 MHz. Oft hat man es aber mit einem Signalgemisch zu tun, etwa einem Sinus, der durch kleine Störspitzen überlagert wird. Dann bestimmt die Anstiegszeit t der Störspitzen die Abtastfrequenz $f = 0,7 / t$. Beträgt die Anstiegszeit beispielsweise 10 ns, muss mit mindestens 0,7 / 10 ns = 0,07 GHz bzw. 70 MHz abgetastet werden. Die Abtastintervalle (der Kehrwert der Abtastfrequenz oder -rate) müssen genau eingehalten werden. Kleinste Verschiebungen (Jittern, Zittern) verfälschen die digitale Information.

Ist das Signal stetig, wie etwa ein amplituden- und frequenzkonstantes Sinussignal, kann man dank Mikroprozessor einen Trick anwenden, der die Abtastfrequenz unter die Signalfrequenz schiebt: Man tastet nicht einen Wellenzug ab, sondern nimmt von den sich stetig wiederholenden Wellenzügen Proben, die der Mikroprozessor dann systematisch zum Original zusammensetzt. Bei den digitalen Oszilloskopen wendet man diesen Trick in zwei Spielarten an, denn in Elektronik, Audio- und Hochfrequenztechnik liegen meist kontinuierliche Signale vor. Näher beschrieben wird dies ab Seite 52.

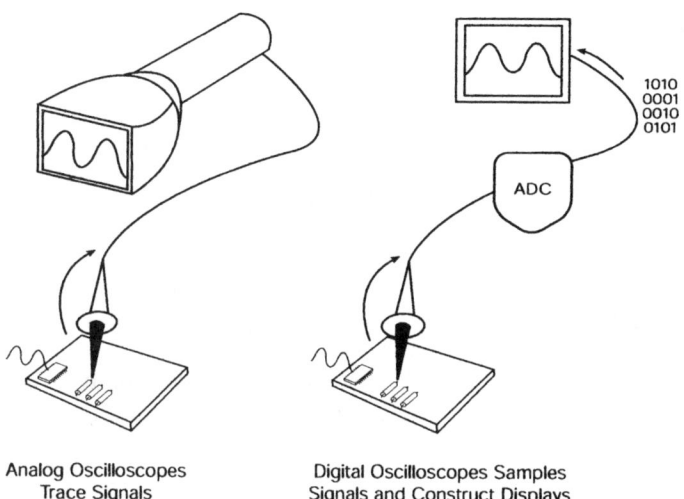

Analog Oscilloscopes
Trace Signals

Digital Oscilloscopes Samples
Signals and Construct Displays

Abb. 5.1: Analoges und digitales Scope-Konzept (Quelle: Tektronix)

Ein störender Effekt ist das Aliasing (Umklappen). Störsignale, deren Frequenz höher als die halbe Abtastrate ist, werden nicht mehr entsprechend ihrer Frequenz, sondern als Signale mit „umgeklappter" Frequenz interpretiert und gewandelt. Ein 12-MHz-Störsignal würde also bei 20 MHz Abtastrate als 18-MHz-Störkomponente auftreten. Hier hilft ein steiles Filter, das solche Signale vor der Wandlung radikal reduziert. Es heißt Anti-Aliasing-Filter. Für die Vermessung der Proben gibt es unterschiedliche Verfahren:

Sukzessive Approximation
Es erfolgt eine schrittweise Annäherung durch Vergleich. Aufwand und Geschwindigkeit sind gering.

Integrationsverfahren
Es erfolgt die Messung der Zeit, in der sich ein Kondensator vom Wert der Probe auf einen Referenzwert entladen hat.

Dual-Slope-Verfahren
Das komplexe Verfahren beruht u. a. auf Zählern.

Flash-Konverter-Verfahren
Das Verfahren arbeitet mit Tausenden von Komparatoren und ist besonders schnell (*flash* heißt Blitz).

Wichtige Kennzeichen eines A/D-Wandlers sind Bit-Breite (Auflösung), maximale Signalfrequenz (Schnelligkeit der Wandlung), Linearität (Genauigkeit der Wandlung) und Eigenrauschen (untere Empfindlichkeitsgrenze). In digitalen Oszilloskopen haben sich trotz ihres Aufwands – für 8 bit Auflösung benötigt man beispielsweise 255 Komparatoren – die Flash-Konverter durchgesetzt.

5.2 Das DSO

Am verbreitetsten unter den digitalen Scopes ist das digitale Speicheroszilloskop, abgekürzt DSO (digital storage oscilloscope). Neben den A/D-Wandler treten hier Mikroprozessor und Speicher. Das erlaubt die qualifizierte Erfassung kurzzeitiger Vorgänge (wie von Transienten auf Stromleitungen).

Den Grundaufbau zeigt *Abb. 5.2*. Die Arbeitsweise ist seriell, auf Eingangsverstärker und ADC folgt ein De-Multiplexer zur Aufbereitung des Signals für den ersten Speicher (Acquisition Memory). Der Mikroprozessor kann diesen Inhalt nun für den zweiten Speicher aufbereiten (Display Memory). Das Signal wird fortlaufend gespeichert. Der Mikroprozessor baut sozusagen die Darstellung des Signals, wie sie der Bildschirm (Display) zeigt, zusammen.

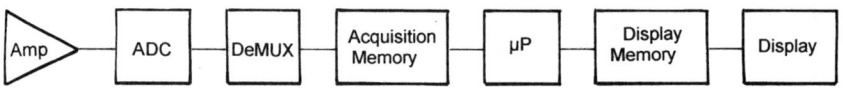

Abb. 5.2: Grundaufbau des DSOs

DSOs sind sehr komfortabel, besitzen meist mehrere Kanäle (*Abb. 5.3*) und geben wichtige Werte sofort numerisch aus. Da das Signal digital abgespeichert ist, kann es auch später analysiert, archiviert, ausgedruckt oder versendet werden. Man stelle sich einen 10 ns breiten Störimpuls vor, der nur alle 20 ms, also im langsamen Rhythmus der Netzfrequenz 50 Hz, auftaucht. Mit einem Analogoszilloskop könnte man diesen nicht darstellen. Für ein DSO wäre das kein Problem.

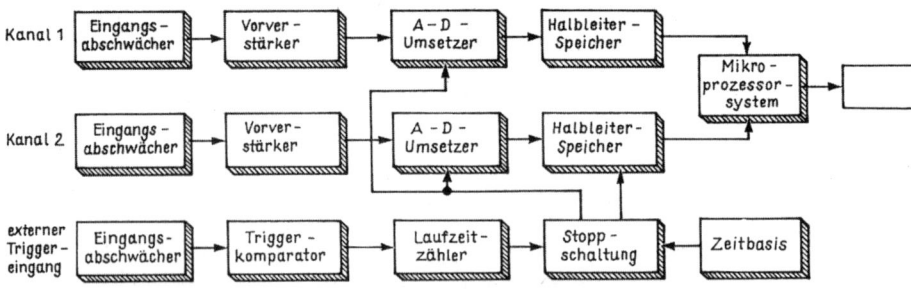

Abb. 5.3: Der Aufbau eines Zweikanal-DSOs (rechts oben das Display)

Ebenso haben analoge Oszilloskope mit einmaligen Vorgängen Schwierigkeiten. Besitzen sie einen Speicher, kann man diese zwar für einige Zeit festhalten. Nur ein DSO garantiert jedoch, dass die einmal gespeicherten Kurven unverändert erhalten bleiben. Die Speicherung mehrerer Signalverläufe ist hier problemlos möglich.

Beim DSO beginnt die Aufzeichnung nicht erst mit dem Triggerimpuls. Da permanent in den Speicher eingelesen wird, kommt auf Wunsch auch ein Stück „Trigger-Vorgeschichte" mit zur Aufzeichnung. Das bezeichnet man mit „Pre-Trigger"..

Gespeicherte Signale lassen sich beim DSO mit einem Cursor vermessen und einzeln oder gemeinsam darstellen und vergleichen. Das erlauben analoge Speicheroszilloskope zwar im Prinzip auch, doch ist man dabei eingeschränkt, während beim DSO alles viel einfacher geht.

Die Nachteile: DSOs bieten keinen Echtzeitbetrieb. Das zweimalige Speichern und die Verarbeitung im Prozessor benötigen Zeit. Allerdings ist mit Flash-A/D-Convertern praktisch ein „Fast-Echtzeitbetrieb" möglich. Weiter ist die Gefahr von Fehlmessungen deutlich höher als bei analogen Scopes, denn es gibt vielfältige Kombinationen von Signalart und Einstellungen. Ein verfälschendes Aliasing bei Störsignalen kann nicht ausgeschlossen werden. Schließlich bildet das DSO alle Signale (Nutzsignal, Störsignale) mit gleicher Intensität ab, man kann also nicht wie beim analogen Scope aus der Helligkeit der Signaldarstellung auf die Intensität (Häufigkeit in der Zeit) schließen.

Die Abtastrate gehört zu den wichtigsten DSO-Parametern. Man unterscheidet zwei Abtastmethoden:

- Echtzeit-Sampling (real-time sampling)
- periodisches Sampling (repetitive sampling)

Beim Echtzeit-Sampling erfolgt die vollständige Abtastung während einer einzigen Signalperiode. Hierbei ist die Abtastrate deutlich größer als die doppelte Signalfrequenz, damit möglichst auch eventuelle kurze Störungen noch mit erfasst werden. In *Abb. 5.4* ist dies exemplarisch für einen positiven Impuls gezeigt. Da auf dem Bildschirm nicht eine Anreihung von Punkten, sondern ein durchgehender Signalzug erscheinen soll, werden die Signalproben durch den Mikroprozessor zu diesem Signalzug verbunden. Man nennt das *Interpolation*. Möglich sind zwei Interpolationsarten:

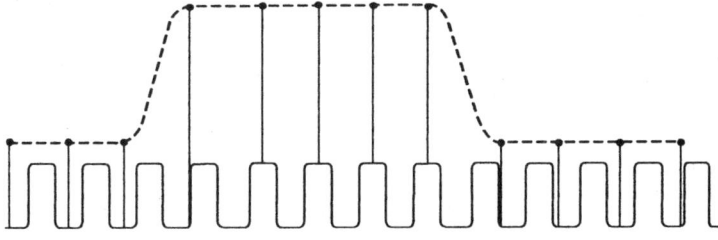

Abb. 5.4: Skizze zum Echtzeit-Sampling

Sinus-Interpolation (sin oder sin x/x)
Der Mikroprozessor geht von einem Sinussignal aus und verbindet mit entsprechend geschwungenen Linien. Dieser Modus wird oft verwendet. Bereits eine dreifach größere Abtastrate genügt oft, vierfach ist gut, mehr als fünffach kaum sinnvoll.

Lineare Interpolation (lin)
Die Punkte werden durch gerade Linien verbunden. Das ist vorteilhaft bei Impulsen. Die Abtastrate sollte zehnfach höher als die Impulsfrequenz sein.

In *Abb. 5.5* sind diese beiden Methoden grafisch dargestellt.

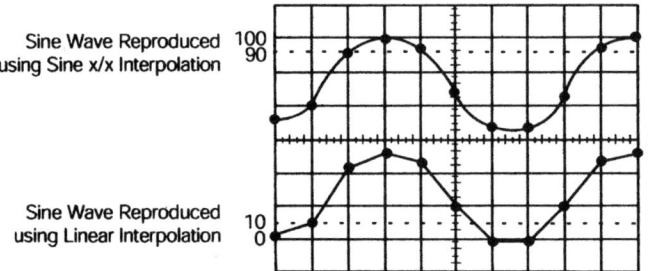

Abb. 5.5: Zwei Möglichkeiten der Interpolation (Quelle: Tektronix)

Beim periodischen Sampling werden Signalproben mehrerer aufeinanderfolgender Perioden genommen (daher die Bezeichnung ETS = equivalent-time sampling). Ein spezieller Generator sorgt dafür, dass die Abbildung der Werte korrekt an der richtigen Stelle der Periode erfolgt. Daher kann die Abtastrate geringer als die Signalfrequenz sein. Natürlich gelingt so nur die Abbildung periodischer Signale. Auch beim periodischen Sampling unterscheidet man zwischen zwei Spielarten:

- **Zufälliges Sampling (random equivalent-time sampling)**
Die Abtastpunkte werden zufällig verteilt. *Abb. 5.6* versucht, dies grafisch darzustellen. Bei jeder Abtastung wird der zeitliche Abstand zum Triggerpunkt (z. B. Nulldurchgang des Messsignals) registriert und auf dieser Grundlage die Darstellung organisiert. Vorteil: keine Verzögerungsstufe erforderlich.

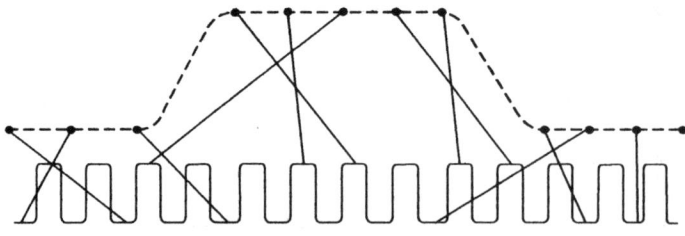

Abb. 5.6: Skizze zur periodischen Abtastung

- **Sequentielles Sampling (sequential equivalent-time sampling)**
Es wird bei jeder Triggerung nur ein definierter Abtastpunkt erfasst. Dieser Vorgang verzögert sich von Periode zu Periode etwas. Ist die Anzahl der erfassten Werte groß genug, lässt sich so in unveränderter Reihenfolge das Signal rekonstruieren. Vorteil: höhere Auflösung und Genauigkeit.

Die wesentlichen Unterschiede des DSOs gegenüber dem analogen Oszilloskop:

Vorteile: qualifizierte Erfassung und Speicherung aperiodischer Signale, leichtes Ablesen (oft mit automatisierter Cursorfunktion), bequeme Auswertung
Nachteile: kein Echtzeitbetrieb, Bildschirm leuchtet nicht nach, was die Auswertung gestörter oder komplexer Signale deutlich erschwert

5.3 Das DPO

Vor etwa zehn Jahren brachte die Firma Tektronix Oszilloskope mit einer neuen Technologie auf den Markt. Diese DPOs (digital phosphor oscilloscopes) vereinen die Vorteile von analoger und digitaler Technik:

analoges Scope	DSO (Beispiele)
hohe Signalerfassungsrate	simultaner Kanalbetrieb
XY-Betrieb	Signalspeicherung und -analyse
helligkeitsmodulierte Darstellung	mathematische Operationen
Echtzeitbetrieb	erweiterte Triggermöglichkeiten

Abb. 5.7 zeigt den prinzipiellen Aufbau. Die Prozessorarchitektur ist hier meist parallel. Direkt zwischen A/D-Wandler und Bildschirm liegt die Funktionseinheit *Digital Phosphor*, was bedeutet, dass komplette Wellenzüge extrem schnell erfasst und dargestellt werden können. Unregelmäßige Störungen, wie Jitter und Glitches, die das DSO nicht anzeigt, werden hier also mit höchster Wahrscheinlichkeit aufgedeckt.

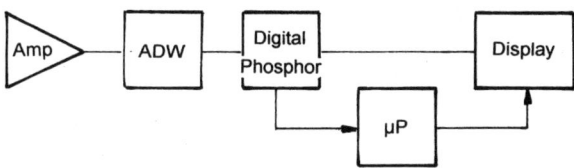

Abb. 5.7: Grundaufbau des DPO

Der Mikroprozessor kümmert sich um die Bildaufbereitung. Wegen des Parallelbetriebs wird sehr schnell – typisch im 1/30-s-Rhythmus – ein Schnappschuss aus der

Scope-Datenbank auf das Display gebracht. Die einfache Architektur, der Parallelbetrieb und die spezielle Bildröhre (Funktion auf Basis chemischer Phosphoreszenz) ermöglichen im Gegensatz zum DSO praktisch Echtzeitbetrieb. Den benötigen insbesondere Profis.

Weiterhin stellt das DPO neben Amplitude und Frequenz auch die Verteilung der Amplitude über die Zeit dar, sodass von dreidimensionaler Signaldarstellung (XYZ) gesprochen wird. Einfacher ausgedrückt: Ein in größeren Zeitabständen auftretendes Störsignal wird gegenüber dem kontinuierlich auftretenden Nutzsignal mit geringerer Helligkeit angezeigt.

5.4 Das Sampling-Oszilloskop

Auch der dritte Grundtyp ist insbesondere für professionelle Entwickler von Bedeutung: das Sampling-Oszilloskop (sampling oscilloscope).

Warum wird das Abtasten (to sample) hier so hervorgehoben, tasten doch auch DSO und DPO ab? Das stimmt, jedoch erst nach Verstärkung bzw. Pufferung des Messsignals. Beim Sampling-Scope wird dieses jedoch direkt an einem 50-Ohm-Widerstand im Eingang des Scopes abgetastet und darf darum aus Gründen der Aussteuerbarkeit nicht zu groß sein. Mehr als wenige Volt sind nicht drin. Dafür erreicht das Sampling-Scope traumhafte Bandbreiten bis in den zweistelligen Gigahertzbereich.

In *Abb. 5.8* ist der Grundaufbau des Sampling-Oszilloskops skizziert.

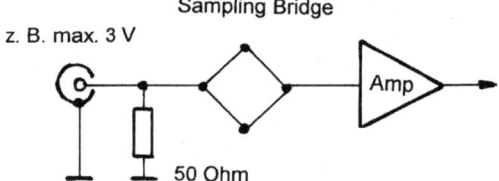

Abb. 5.8: Prinzipieller Aufbau des Sampling-Oszilloskops

5.5 Das USB-Scope

Ob analog oder digital, jedes Stand-alone-Oszilloskop hat zwei besonders teure Komponenten: den Bildschirm (Kathodenstrahlröhre mit Hochspannungserzeugung und Ablenkverstärkern oder LC-Display) und das Bedienfeld, das mechanische Teile und Platz benötigt. Beim Senken von Kosten sollte also hier angesetzt werden. Was liegt da näher, als einen Computer zu nutzen, der meist bereits vorhanden ist? Ob PC oder

Notebook – man hat nun vielfältige Bedienmöglichkeiten mit Tastatur oder Maus und außerdem eine große, klare und farbige Anzeige.

Zudem lassen sich nun etliche Funktionen durch Software im Rechner verwirklichen, was weitere Einsparungen (Programmspeicher) im eigentlichen Scope bringt.

Solche Computer-Oszilloskope kamen Anfang der neunziger Jahre auf den Markt.

Abb. 5.9 zeigt als Beispiel das Metec MSC-32, ein Black-Box-Gerät, das außer dem Einschalter kein Bedienelement mehr besitzt. Die drei Buchsen sind für das Messsignal, ein externes Triggersignal sowie die mögliche Vorgabe der Sampling Rate vorgesehen. Auf der Rückseite gibt es eine Netzbuchse und eine neunpolige D-Sub-Buchse für die serielle Computerschnittstelle. Den USB gab es damals noch nicht.

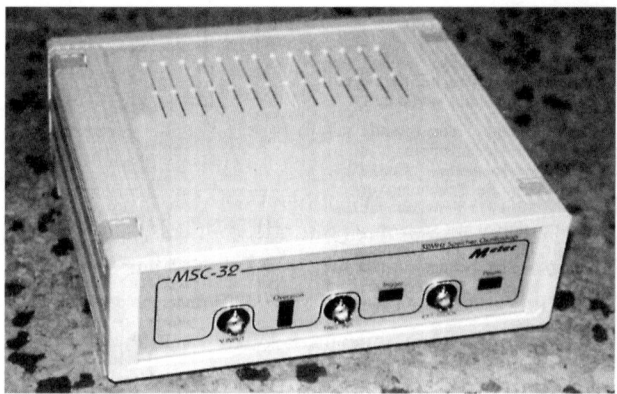

Abb. 5.9: Das Metec MSC-32 – ein Vorläufer des USB-Scopes

Wie das MSC-32 ist auch jedes USB-Scope ein DSO-Zusatz zum PC. Die Leistungsfähigkeit dieser Zusatzgeräte hält sich zwar in Grenzen, Vieles im Hobbybereich, in der Ausbildung oder auch im bescheidenen Profibereich ist aber möglich. Mit dem USB-Scope ist man sehr flexibel. Es ist klein und leicht und problemlos zu transportieren – man kann überall dort messen, wo ein Computer vorhanden ist. Schließlich ist die Kombination Computer – USB-Scope preislich attraktiv.

Alle vier Oszilloskop-Grundkonzepte, das Analogoszilloskop, das DSO mit seiner Spezialvariante USB-Scope, das DPO und das Sampling-Oszilloskop haben Vor- und Nachteile. Ein DSO ergänzt daher ein analoges Oszilloskop sinnvoll. Daher trifft man auch auf Kombi-Scopes, die beide Konzepte in einem Gehäuse vereinen. Das DPO nimmt erfolgreich einen anderen Weg zu diesem Ziel, indem es durch Parallelarchitektur und sein neuartiges Display-Konzept die Vorteile des klassischen Analogoszilloskops, Echtzeitbetrieb und häufigkeitsabhängige Leuchtintensität (Dimension Z), in die Digitaltechnik holt. Das Sampling-Scope glänzt mit Traumbandbreiten. Das USB-Scope ist preiswert, da es Bilddarstellung und Bedienung in den Computer verlagert.

6 Grundtypen des USB-Scopes

Das USB-Scope ist also ein DSO, bei dem Anzeige, Bedienfeld sowie Programmspeicher in einen Computer ausgelagert wurden. Das spart Kosten. USB-Scopes gibt es in verschiedenen Ausführungsformen. Die folgenden Definitionen sind Vorschläge. Es kann durchaus vorkommen, dass die Gerätebezeichnung des Herstellers auf einen anderen Grundtyp hindeutet, als hier vorgeschlagen.

6.1 Das USB-Hand-Scope (Pen-Scope)

Wie bei den Multimetern, gelang es auch bei den USB-Scopes, die gesamte Elektronik in einem handlichen Gehäuse unterzubringen. Das Ganze hat die Form eines großen Tastkopfs. Man hält beim Messen quasi das ganze Oszilloskop wie den sonst üblichen Tastkopf in der Hand. Es gibt nur eine Leitung: das USB-Kabel zum Computer. Die Leistungsfähigkeit dieses USB-Grundtyps kann beachtlich sein. Das kleine Volumen fordert nicht zwingend seinen Tribut bei der technischen Ausstattung.

Eine Spannungsteilung am Eingang durch einen Teilertastkopf ist möglich, wenn

- eine BNC-Buchse vorhanden ist,
- ein Adapter mit einer solchen Buchse mitgeliefert wird und/oder
- der Teilertastkopf als Spezialteil mitgeliefert wird.

Man kann in jedem Fall rein elektrisch qualifiziert messen, die Messsignalquelle wird nicht durch zusätzliche Kabelkapazität belastet. Man muss keinen 1:1-Tastkopf hinzukaufen, die Lösung kann sehr ökonomisch sein.

Vorteile: Kleinheit, kapazitätsarme Messung, kein Tastkopf erforderlich, beachtliche Scope-Performance möglich
Nachteile: eventuell keine Spannungsteilung möglich, verbaute Messstellen schwer zugänglich, umfassende Leistungsfähigkeit wenig sinnvoll

Vergleicht man mehrere USB-Pen-Scopes, kann man beachtliche Unterschiede konstatieren. Die HandScopes PS2104 und PS 2105 (*Abb. 6.1*) verknüpfen beachtliche native Sampling-Raten von 50 bzw. 100 MS/s mit der Spektrumanalysator- sowie Voltmeter-Funktion. Hingegen bietet das PenScope PS40M10 (*Abb. 6.2*) laut Katalog nur 5 MHz Bandbreite bei 40 MS/s, tastet aber mit 10 bit ab. Beim PS40M10 kann man herkömmliche Tastköpfe anschließen: Die integrierte gefederte Tastspitze wird abgesteckt, der mitgelieferte Adapter von Phono-Buchse am Gerät auf BNC aufgesetzt.

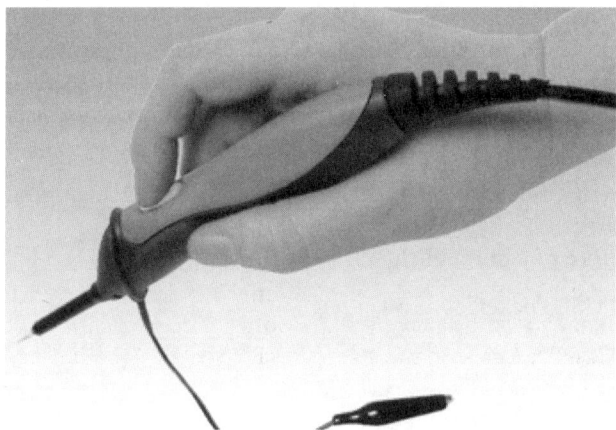

Abb. 6.1: Die HandScopes PS2104 und PS2105 besitzen gleiche Gehäuse. (Quelle: Meilhaus Electronic)

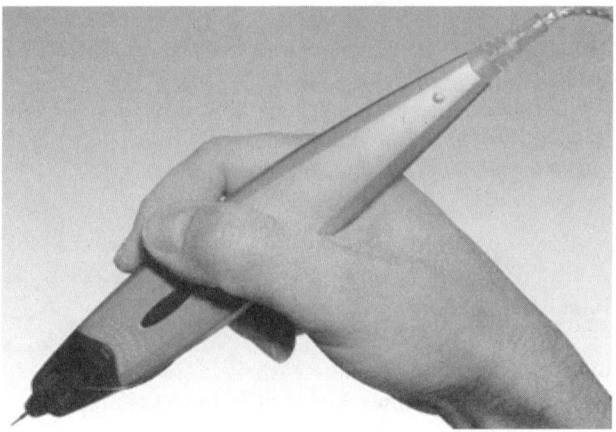

Abb. 6.2: Das Pen-Scope PS40M10 (Quelle: Meilhaus Electronic)

6.2 Das USB-Mini-Scope (Pocket-Scope)

Mini heißt „sehr klein". Das USB-Scope ist es, passt etwa in Hemd- oder Hosentasche (pocket = Tasche). Der Unterschied zum Pen-Scope besteht darin, dass hier der Eingang als Buchse ausgeführt wurde. Man braucht also einen Tastkopf, um richtig damit zu messen.

Das USB Pocket/Mini-Scope zeigt sich in zwei Varianten:

1. mit USB-Stecker

Man steckt das Scope direkt an den Computer. Man hat also auch hier nur ein Kabel – diesmal aber das Tastkopfkabel. Mithilfe eines Adapters Buchse/Buchse ist natürlich auch ein USB-Kabel möglich – für Fälle, wo die Messstelle ansonsten zu weit weg vom PC wäre.

Vorteile: Kleinheit, meist kein USB-Kabel erforderlich, Messsystem mit mehreren Scopes leicht möglich
Nachteile: hohe Leistungsfähigkeit nicht möglich

In *Abb. 6.3* ist als Beispiel das USB PocketScope 50 gezeigt.

Abb. 6.3: Das Pocket-Scope 50 von Testec

2. konventionell (mit USB-Buchse), aber klein

Diese Variante besitzt meist ein auffallend kleines Kunststoffgehäuse (Kantenlänge kaum über 100 mm). Die Leistungsfähigkeit wird durch das Gehäusevolumen kaum mehr eingeschränkt. Zusatzfunktionen tauchen hier teilweise nicht zu knapp auf. Möglicherweise muss man sich jedoch für eine rundum gute Performance des eigentlichen Scopes oder diverse Zusatzfunktionen entscheiden.

Vorteile: Kleinheit, zwei Kanäle und/oder diverse Zusatzfunktionen möglich
Nachteil: Kompromiss zwischen Scope-Leistungsfähigkeit und „Zusatzangeboten" wahrscheinlich

Als Scope der Art „Viele Zusatzfunktionen" kann man das in *Abb. 6.4* gezeigte zweikanalige ME-Pocket-Scope ansehen. Die Sampling Rates sind mit 1 MS/s native und 20 MS/s repetitive bescheiden; die Bandbreite wird mit 250 kHz angegeben. HF-Messungen sind also kaum möglich. Demgegenüber überraschen 12 bit Auflösung und die Zusatzfunktionen positiv:

Abb. 6.4: Dieses Pocket-Scope von Meilhaus bietet Zusatzfunktionen.

- Datenlogger
- Spectrum Analyzer
- Voltmeter
- Frequenzmesser
- Signalgenerator (Wafeform Generator)

6.3 Das USB-Standard-Scope

Die meisten USB-Scopes sind mittelgroße Kästchen (150 bis etwa 200 mm maximale Kantenlänge) mit zwei oder drei BNC-Buchsen und USB-Buchse. Das Gehäuse kann aus Kunststoff oder Metall sein. Ein Metallgehäuse bietet höhere Sicherheit vor Störeinstrahlungen als ein Plastikgehäuse.

Die Leistungsfähigkeit der USB-Standard-Oszilloskope variiert in einem weiten Bereich, Bandbreite bzw. Abtastraten können sich von Gerät zu Gerät stark unterscheiden. Dies trifft auch auf die Zusatzfunktionen zu. Eine hohe Scope-Leistungsfähigkeit und viele interessante Zusatzfunktionen lassen sich hier aber problemlos verknüpfen.

Das USB-Standard-Scope bietet eigentlich nur Vorteile: Es gibt eine große Geräteauswahl, man kann damit individuellen Anforderungen sehr nahe kommen, und nicht wenige Geräte zeichnen sich durch hohe Preiswürdigkeit aus.

Abb. 6.5 zeigt ein kleines USB-Standard-Scope zum Preis von ~270 Euro. Die wesentlichen Daten sind:

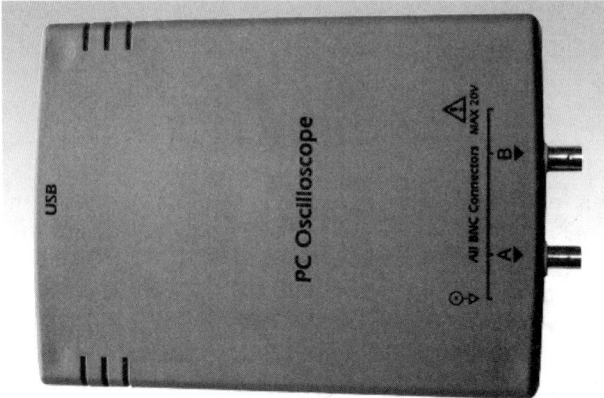

Abb. 6.5: Das Standard-USB-Scope PS 2202

- Sampling Rate nativ 20 MS/s
- Bandbreite 2 MHz
- Auflösung 8 bit
- Speichertiefe 32 ks
- Abmessungen 45 x 140 x 190 mm^3

Die Bandbreite ist bescheiden, dafür gibt es diverse Trigger-Modi. Auf Zusatzfunktionen, wie Spektrumanalysator, Frequenzmesser, Voltmeter, Datenlogger und Funktionsgenerator, muss man bei dem preiswerten Gerät verzichten.

In *Abb. 6.6* sehen wir ein weiteres USB-Standard-Scope. Es kostet über 500 Euro. Die wesentlichen Daten sind hier folgende:

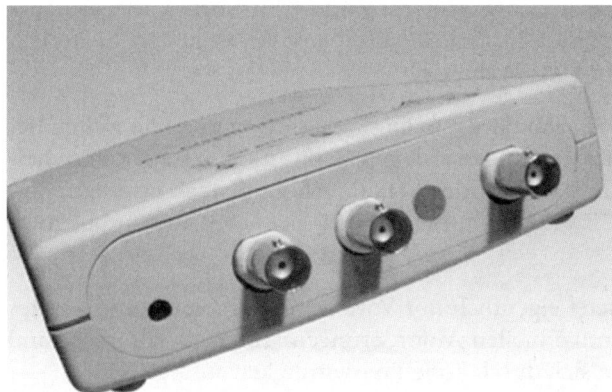

Abb. 6.6: Das Standard-USB-Scope PicoScope PS3204 (Quelle: Meilhaus Electronic)

- Sampling Rate 50 MS/s native
- Sampling Rate 2,5 GS/s repetitive
- Bandbreite 50 MHz
- Auflösung 8 bit
- Speichertiefe 256 k

Mit diesem Scope kann man im Kurzwellenbereich messen, ohne (ab 10 MHz) einen allzu großen Amplitudenfehler berücksichtigen zu müssen. Dem HF-Techniker sollte das Scope daher sein Geld wert sein.

6.4 Das USB-Profi-Scope (Highend-Scope)

Das USB-Scope für den professionellen Einsatz in Werkstatt und Labor bildet den oberen Abschluss der Grundtypen-Palette. Hier wird an Leistungsfähigkeit und Leistungsmerkmalen ebenso wenig gespart wie beim Preis. Man kann für ein USB-Profi-Scope folgende Mindestanforderungen festlegen:

- zwei Kanäle
- 100 MS/s native
- 1 GS/s repetitive
- Metallgehäuse
- vier Trigger-Betriebsarten
- komfortable Speichermöglichkeiten
- ausgedehnte mathematische Möglichkeiten (z. B. echter Mittelwert oder Klirrfaktor)

Es gibt durchaus Typen mit nur 8 bit vertikaler Auflösung. Das erlaubt eine schnelle Abtastung eines ganzen „Wellenzugs" und somit eine hohe Bandbreite. Der optische USB-Anschluss ist auch ein Zeichen solcher Geräte. Er sichert eine hundertprozentige galvanische Trennung mit dem Computer, sodass entsprechende Einkopplungen durch den ohmschen Widerstand der „geerdeten" Versorgungsleitung ausgeschlossen werden.

Das CleverScope (*Abb. 6.7*) ist ein typisches USB-Highend-Scope. Es hat die folgenden wesentlichen Daten:

- zwei Kanäle mit 10 bit Auflösung
- simultanes Sampling mit 100 MS/s
- Eingangsspannung 20 mV bis 800 V
- 4-MSamples-Speicher pro Kanal
- zwei Geräte zum Vierkanalgerät kaskadierbar
- Signalgenerator nachrüstbar

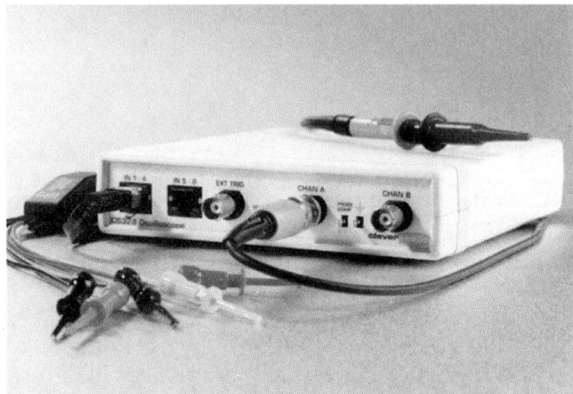

Abb. 6.7: Das Highend-Produkt CleverScope (Quelle: Meilhaus Electronic)

6.5   Das USB-Kombi-Instrument mit Scope

Als USB-Kombi-Instrument mit Scope bezeichnet man einen Computer-Messvorsatz, der mehrere wichtige Messfunktionen, darunter die Oszilloskopfunktion, bietet. Die Unterscheidung zwischen USB-Scope mit Zusatzfunktionen und USB-Kombi-Instrument mit Scope ist schwierig. Im letzten Fall sollte die Scope-Funktion nicht mehr als die dominierende anzusehen sein.

Als Beispiel sei das MEphisto Scope angeführt (*Abb. 6.8*). Das Zweikanal-Scope glänzt zwar mit 16 bit Auflösung, tastet aber nur mit 2 MS/s ab. Da scheiden Hochfrequenzanwendungen praktisch aus. Was aber hat das rote Metallkästchen noch alles zu bieten? Folgende vier Funktionen:

Abb. 6.8: Unscheinbar wirkt das USB-Kombi-Instrument MEphistoscope von Meilhaus.

Voltmeter
Und das mit zwei Kanälen, drei dekadisch gestaffelten Bereichen, 16 bit Auflösung, Zeigerdarstellung und Ermittlung des echten Effektivwerts. Genutzt werden die BNC-Buchsen.

Datenlogger
Dieser arbeitet analog und digital bis 100 kHz und nutzt die BNC-Buchsen.

Logikanalysator
Dafür gibt es eine extra Sub-D-Buchse, denn 16 Kanäle sind bei CMOS-Signalen bis 100 kHz möglich.

Digital-I/O-Schaltbox
Über die 26-polige Sub-D-Buchse sind 24 TTL-Leitungen bitweise als Ein- oder Ausgang programmierbar.

6.6 Auswahl- und Kauftipps

Bei der Gruppe der hier als USB-Standard-Scope bezeichneten Geräte hat man die größte Auswahl. Man findet hier auch Präzisionsgeräte für anspruchsvolle Messungen im Audiobereich. Die schlanken Bauformen (Pen, Pocket) können auch mit erstaunlich guten technischen Leistungen überzeugen.

Hat man sich für eine Grundform entschieden, wird man sich als Elektroniker oder HF-Techniker an erster Stelle für die Bandbreite interessieren. Aus der Abtastrate kann man keineswegs zuverlässig darauf schließen. Auch bei Bandbreite/Abtastrate gilt der bekannte Leitspruch: Lieber etwas mehr als zu wenig. Wie beim Analogoszilloskop wachsen auch im digitalen Sektor Nützlichkeit und Preis mit der Bandbreite.

Die Speichertiefe ist nicht zu unterschätzen. Je größer aber der Speicher, umso mehr Samples können auf einen bestimmten Zeitabschnitt verteilt werden. Die vertikale Auflösung (Bit-Breite des A/D-Wandlers) steht in Zusammenhang mit der Bandbreite: entweder vertikale Präzision oder hohe Bandbreite. Der HF-Praktiker benötigt selten mehr als 8 bit.

Ferner ist natürlich wichtig, ob das USB-Scope nur einen Kanal oder zwei Kanäle hat.

USB-Scope-Einsatzmöglichkeiten

Das USB-Scope ist an einen PC gebunden. Natürlich arbeitet es auch perfekt mit einem der neuen Mini-Computer (ohne Festplatte, aber mit großem elektronischen Speicher ähnlich MP3) oder einem Notebook zusammen. Mit diesen „Rechenzwergen" ist das Mess-Equipment klein, leicht und beweglich. Dies gilt besonders, wenn man ein Pen-Scope benutzt.

Die erfassten Daten erscheinen sofort im Computer, wo sie zwecks Dokumentation per Mausklick gespeichert werden können.

Das und der niedrige Preis machen das USB-Scope zum Favoriten für Wartung, Service und Vor-Ort-Test, aber auch für Studium, Labor und Ausbildung. Auch für den Hobbybereich sind USB-Scopes attraktiv. Hier wird man besonders preiswerte Typen wählen und bevorzugt auf das Hand-Scope setzen, weil es das beste Preis-Leistungs-Verhältnis bieten kann.

7 Praktische Beurteilung eines Oszilloskops

Ein Oszilloskop kann man im Wesentlichen anhand seiner Daten aus den Unterlagen beurteilen. Feinheiten muss man durch praktische Tests auf die Spur kommen. Aufgeführt werden hier alle wichtigen Kriterien für analoge und digitale Typen.

7.1 Das A und O: die Bandbreite

Das wichtigste Qualitätsmerkmal ist die Bandbreite (beim digitalen Scope spricht man auch von *analoger Bandbreite*). Sie ist beim analogen Oszilloskop identisch mit der oberen –3-dB-Grenzfrequenz.

> *Merke: Je größer die Bandbreite, desto kleiner ist für eine bestimmte Messfrequenz der Fehler durch den Frequenzgang und umso getreuer werden Flanken dargestellt.*

Das gilt uneingeschränkt nur für analoge Scopes. Beim digitalen Oszilloskop kann die Bandbreite auch von der Abbildungsqualität des Signals begrenzt werden. Hier existieren also zwei Kriterien:

- Amplitudenrückgang um 3 dB (29 %)
- einsetzende Verzerrung

Während das erste Kriterium exakt definiert ist, hat man beim zweiten einen Interpretationsspielraum. Eine weitere Eigenheit der digitalen Scopes ist, das es zwei grundverschiedene Möglichkeiten des Abtastens gibt: Echtzeit- und periodisches Sampling (vgl. Abschnitt 5.2). Die meisten USB-Scopes beherrschen beide Spielarten. Mit periodischem Sampling sind in der Regel wesentlich höhere Bandbreiten möglich als mit Echtzeit-Sampling. Eine exakte Bandbreitenangabe für ein USB-Scope benötigt also noch zwei Zusatzinformationen und könnte beispielsweise so lauten:

Bandbreite 50 MHz (-3 dB, periodisch)

Theoretisch wird die Bandbreite von der Abtastrate bestimmt. Das könnte dazu verleiten, die Abtastrate(n) als entscheidendes Kriterium anzusehen. Das praktische Verhalten der USB-Scopes lehrt jedoch, dass die Abtastrate hier keine verlässliche Richtschnur für die Bandbreite darstellt.

Der Frequenzgang kann von Scope-Typ zu Scope-Typ variieren. Man kann den Frequenzgang mit dem amplitudenkonstanten Signal eines durchstimmbaren HF-Generators austesten. Dabei darf die Eingangskapazität des Oszilloskops auch bei den üblichen 50 Ohm Innenwiderstand des Messgenerators nicht vernachlässigt werden. Bei einem Wert von 35 pF ergibt sich bei 10 MHz ein Blindwiderstand von 457 Ohm, also eine nennenswerte Belastung. Bei 10 MHz ist dann also schon von einem Messfehler von mehreren Prozent auszugehen. Bei höheren Frequenzen spielt noch der reduzierte ohmsche Anteil des Scope-Eingangswiderstands mit hinein.

Um diese Einflüsse zu vermindern, kann man einen niederohmigen Spannungsteiler zwischenschalten. Besteht dieser beispielsweise aus Widerständen von 47 und 5,6 Ohm, liegt der Quellwiderstand für das Scope bei 5 Ohm, die Spannungsteilung bei 10 gegenüber 50-Ohm-Abschluss bzw. 20 gegenüber Leerlauf. Sowohl die Widerstandswerte als auch der Teilerfaktor sind unkritisch, wichtig ist nur die Senkung des Quellwiderstands für das Scope.

7.2 Das Impulsverhalten

Ein ebenfalls wichtiges Kriterium jedes Oszilloskops ist das Impulsverhalten. Ein praktisch tadelloser Impuls sollte auch so abgebildet werden. Das gelingt den Oszilloskopen nur eingeschränkt, denn bereits theoretisch können ansteigende und abfallende Flanke nicht mit Originalgeschwindigkeit nachvollzogen werden. Die Scope-Darstellung ist also weniger steil – das bedeutet eine höhere Anstiegs- und Abfallzeit als in der Wirklichkeit. Der Amplitudenspielraum für diese Zeiten ist definiert von 10 auf 90 % bzw. von 90 auf 10 % der Impulshöhe.

Das analoge Scope kann einer idealen Flanke nur gemäß der Formel t = 0,35 / Bandbreite folgen. Dies ist auch bei den meisten USB-Scopes der Fall. Ein 35-MHz-Scope würde demnach einer idealen Flanke in nur 10 ns folgen können (0,35 / 35 MHz = 0,01 µs = 10 ns). Die Eigenanstiegszeit des Scopes beträgt 10 ns. Das zeigt, dass eine hohe Bandbreite auch für die möglichst getreue Darstellung von digitalen Signalen unentbehrlich ist.

Weiter sollte das Überschwingen gering sein, das Impulsdach sollte möglichst perfekt wirken. Man prüft dies alles mit einem Rechteckgenerator, dessen Impulse möglichst ideal sein sollten. High-Speed-ICs sind also gefragt. Kennt man die Anstiegszeit der Testimpulse und die –3-dB-Bandbreite des Scopes, kann man die Soll-Anstiegszeit der Darstellung errechnen:

1. Scope-Eigenanstiegszeit quadrieren
2. Anstiegszeit der Testimpulse quadrieren
3. Ergebnisse addieren
4. Wurzel ziehen

Beispiel: Scope-Eigenanstiegszeit 14 ns (25-MHz-Scope), Anstiegszeit der Testimpulse 10 ns

1. $14 \text{ ns} \times 14 \text{ ns} = 196 \text{ ns}^2$
2. $10 \text{ ns} \times 10 \text{ ns} = 100 \text{ ns}^2$
3. $196 \text{ ns}^2 + 100 \text{ ns}^2 = 296 \text{ ns}^2$
4. Wurzel aus $296 \text{ ns}^2 = 17 \text{ ns}$

Das 25-MHz-Scope stellt die 10-ns-Flanken also deutlich verändert dar.

Die Amplitude ist theoretisch ohne Bedeutung. Die Bilddarstellung hängt allerdings praktisch oft mehr oder weniger davon ab. Auch die Vertikalposition, die Stellung des Reglers *Var* sowie die Stellung des Teiler-Drehschalters haben möglicherweise Einfluss.

Auch wenn ein tadelloses Dach erscheint, kann man leider noch nicht restlos sicher sein, dass das Oszilloskop über ein gutes Impulsverhalten verfügt. Auch moderne Geräte zeigen manchmal Mängel bei der Linearität des Zeitmaßstabs, sodass das Ergebnis ungenau sein kann. Nicht umsonst sucht man bei neueren Geräten oft Angaben über die zulässigen Impulsverzerrungen vergeblich.

7.3 Minimaler Triggerpegel und maximale Frequenz

Die Nennbandbreite ist oft kein Limit. Signale mit höheren Frequenzen können durchaus noch dargestellt werden. Natürlich nimmt auch dabei der Fehler mit wachsender Frequenz zu. Etwa bei 50 % über der −3-dB-Bandbreite liegende Signalfrequenz muss man bei analogen Scopes in der Regel mit etwa 1,8 multiplizieren. Ein mit 100 mV erscheinendes Signal wäre also in Wirklichkeit etwa 180 mV groß.

Entscheidend dafür, wie weit oberhalb der −3-dB-Grenzfrequenz des Oszilloskops ein Sinussignal mit bestimmter Amplitude noch dargestellt werden kann, ist die Triggerfähigkeit des Scopes. Das Hameg HM 303-6 mit 2 x 35 MHz Grenzfrequenz kann beispielsweise Signale bis 100 MHz triggern, wenn diese noch eine bestimmte Größe haben, die eben zum Triggern benötigt wird – hervorragend!

Das zeigt die Bedeutung des Trigger-Mindestpegels. Er ist auch innerhalb der −3-dB-Bandbreite interessant. Wer möchte schon ein Scope, das ein 3-mV-Signal noch gut darstellen könnte, aber einen Trigger-Level von 10 mV benötigt?

7.4 Die Linearität

Weiterhin wichtig ist die Linearität der Zeitachse, also die vertikale Messgenauigkeit. Auch wenn man hierzu eine Angabe findet, bleiben doch Fragen, weil man dieses Kriterium unterschiedlich ermitteln bzw. interpretieren kann.

Oft werden mittig nur 50 % ausgesteuert. Man sollte daher bei einer Überprüfung ebenso vorgehen, aber auch kontrollieren, was bei Vollaussteuerung passiert.

Präzision oder hohe Performance?

Digitale Oszilloskope mit Auflösungen von 12 oder 16 bit kann man „Präzisionsgeräte" nennen. Details können genauer erkannt werden, die FFT-Darstellung ist mit großer Dynamik möglich und das „Quantisierungsrauschen" ist gering.

Hohe Präzision erlaubt keine besonders hohe Bandbreite. Es hat also keinen Sinn, Geräte mit verschiedenen Auflösungen direkt zu vergleichen. Präzisionsoszilloskope haben ihre Berechtigung in der Labormesstechnik oder bei der Entwicklung von Hi-Fi-Schaltungen. In *Abb. 7.1* ist ganz klar erkennbar, wie sich die Bit-Breite auf die Darstellung auswirkt.

Für die allgemeine Elektronik und die Hochfrequenztechnik genügen oft 8-bit-Geräte. Hier sind Bandbreite, Abtastraten und Speichertiefe die entscheidenden Kriterien. Oszilloskope mit Bandbreiten um 100 MHz kann man als High-Performance-Scopes bezeichnen.

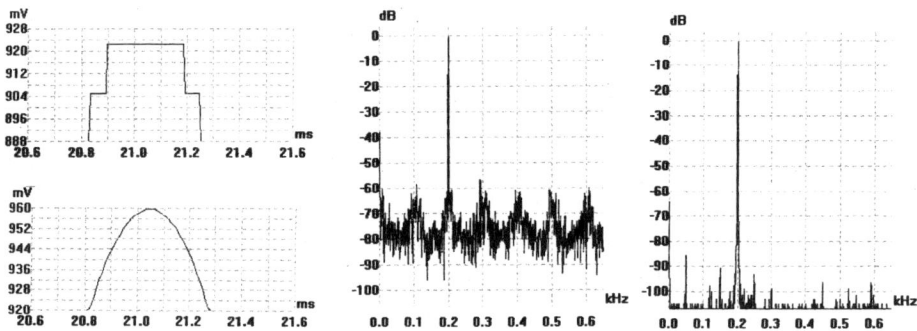

Abb. 7.1: Links Darstellung der Spitze der Halbwelle eines Sinussignals 1 Vs / 200 Hz (oben mit 8, unten mit 16 bit Auflösung), rechts Spektraldarstellung des Signals (links mit 8, rechts mit 16 bit)

Aus folgendem Grund darf diese Kontrolle/Justage nur mit einer niederfrequenten, sehr präzisen Rechteckspannung vorgenommen werden: Sinus und Rechteck sind extreme Signalformen. Beim Sinussignal haben nichtlineare Verzerrungen Auswirkungen auf die Form, da sie Oberwellen erzeugen, während lineare Verzerrungen lediglich die Amplitude beeinträchtigen, beim Rechtecksignal ist es genau umgekehrt. Somit zeigt einzig letzteres lineare Verzerrungen (also solche, die durch Frequenz- und Phasengang sowie Gruppenlaufzeit hervorgerufen wurden) auf. Ist die Frequenz des Rechtecksignals gering genug, spielen Ein- und Ausschwingvorgänge praktisch keine Rolle. Man kann also auch bei einem nicht korrekt eingestellten Teiler die Amplitude genau ersehen.

7.5 Das Übersteuerungsverhalten

Im Idealfall sollte eine Übersteuerung nicht zu einer falschen Darstellung der abgebildeten Signalanteile führen. Bei billigen Geräten kommt es bereits zur Übersteuerung des Vertikalverstärkers, wenn nur ein Teil des Signals nicht mehr abgebildet werden kann. Das kann dann zu verzerrter Darstellung und/oder wilden Schwingungen führen. Ein weiterer unangenehmer Effekt sind sogenannte *thermische Schwänze* in der Darstellung, die infolge aussetzender thermischer Kompensation entstehen.

Im Allgemeinen kann man aber davon ausgehen, dass noch keine Verzerrungen auftreten, solange alle Signalanteile auf den Bildschirm passen.

7.6 Die Sampling Rate

Die Abtastrate (Sampling Rate) gibt an, wie viele Proben des Messsignals pro Sekunde genommen werden. Sie wird beim digitalen Oszilloskop in MS/s (Mega-Samples pro Sekunde) oder GS/s (Giga-Samples pro Sekunde) angegeben.

Man muss zwischen *Echzeit-Sampling* und *periodischem Sampling* unterscheiden (vgl. Abschnitt 5.2). In Katalogen und Manuals trifft man auf andere Begriffe:

- Echtzeit-Sampling: native (natürlich), single-shot, real-time, full-time
- periodisches Sampling: repetitive, equivalent, ETS (equivalent-time sampling)

Nach dem Abtasttheorem muss die Echtzeit-Sampling-Rate mindestens doppelt so hoch sein wie die Messfrequenz. Beim Oszilloskop genügt das noch nicht, will man auch kurzzeitige „Unsauberkeiten", wie Glitches, auf dem Bildschirm haben.

Merke: Je höher die Sampling-Rate, desto deutlicher zeigen sich kritische Stellen im Signalverlauf.

Bei Geräten der gehobenen Preisklasse kann man die Echtzeit-Sampling-Rate einstellen. Die Wahl der richtigen Sampling Rate hängt von Signalform und Signal-Rekonstruktionsmethode (Interpolation) ab. Hier sind die Methoden *sin* für sinusförmige oder sinusähnliche Signale und *lin* für Impulse und Digitalsignale möglich. Ein Richtwert für *sin* ist 4 und für *lin* 10. Bei einem 10-MHz-Sinussignal liegt man also mit 30 bis 50 MS/s richtig, bei einem 10-MHz-Rechtecksignal mit (ungefähr) 100 MS/s.

Die DSOs der Tektronix-Serie TDS (*Abb. 7.2*) kennen nur Echtzeit-Sampling, wobei mit Werten von 0,5, 1 und 2 GS/s gearbeitet wird. Die Bandbreiten gehorchen mit 40, 60, 100 und 200 MHz weitgehend der *x-10-Regel*.

Bei vielen DSOs und den meisten USB-Scopes findet man aber eine Echtzeit-Sampling-Rate von nur ungefähr 50 MS/s vor. Die Bandbreite-Angaben schwanken demgegenüber heftig. Ein paar Beispiele:

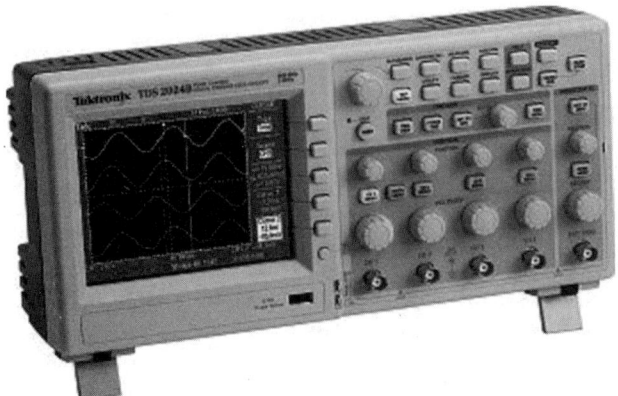

Abb. 7.2: Ein Gerät aus der DSO-Serie TDS von Tektronix

USB-Scope	Bandbreite	Echtzeit-Sampling-Rate
PS40M10	5 MHz	40 MS/s
DSO-220	20 MHz	60 MS/s
DSO-2100	40 MHz	100 MS/s
PLSU1000	60 MHz	50 MS/s
Tiny	75 MHz	50 MS/s
PocketScope 50	75 MHz	50 MS/s
BS310	100 MHz	40 MS/s

Während die Angaben beim PS40M10 ein Verhältnis von 8 bedeuten, sodass auch 5-MHz-Rechtecksignale noch ausreichend getreu erfasst werden sollten, muss man bei den DSO-Typen mit Faktor 3 und 2,5 von einer Sinussignal-Bandbreite ausgehen. Bei den anderen Typen kann die angegebene Bandbreite nur beim periodischen Sampling erreicht werden. Diese Aufstellung ist sehr lehrreich:

Merke: Bei digitalen Oszilloskopen sind keine besonders festen oder typischen Zusammenhänge zwischen Bandbreite-Angabe und Abtastraten zu erkennen.

Die Abtastrate beim periodischen Sampling ist stets weit größer als beim Echtzeit-Sampling. Ein häufig vorkommender Wert ist 1 GS/s. Dies bedeutet nicht eine entsprechende Abtastfrequenz, sondern die Mehrfachabtastung ist hier mit eingerechnet. Die Abtastrate ist also nur scheinbar so hoch. Daher auch der Begriff *equivalent*.

Merke. Die Bandbreite beim periodischen Sampling beträgt 5 bis 10 % der Abtastrate.

In unserer Aufstellung sind das bei 1 GS/s 60 und 75 MHz (6 bzw. 7,5 %). Weiterhin wichtig bei der Beurteilung der Abtastrate ist die Tatsache, dass sich diese bei einem Mehrkanalgerät auf die Kanäle verteilen kann. Die Hersteller sprechen nicht gern darüber. Der Ausdruck *simultan* weist darauf hin. Nutzt man beispielsweise beide Kanäle eines solchen 50-MS/s-Zweikanalgeräts, wird in jedem Kanal mit nur 25 MS/s abgetastet. Hier besteht eine Ähnlichkeit zum analogen Zweikanal-Oszilloskop, wo ein Strahl zwischen den Kanälen hin- und herspringt.

Die groben Richtwerte für den Einsatz in der HF-Technik (ein Kanal):

Sampling Rate native	Beurteilung
bis 20 MS/s	eingeschränkt brauchbar
20 bis 60 MS/s	brauchbar
60 bis 200 MS/s	gut geeignet
über 200 MS/s	hervorragend

7.7 Vertical Resolution

Die vertikale Auflösung (vertical resolution) ergibt sich in erster Linie durch die Bit-Breite des Analog-Digital-Wandlers. Sie kann jedoch durch den Mikroprozessor „künstlich" verbessert werden. Häufig beträgt die Bit-Breite 8 bit. Das bedeutet 256 Teilbereiche. Werte darunter sind nicht anzutreffen. Die folgende Aufstellung illustriert die Vertical Resolution:

Bit-Breite	Anzahl Teilbereiche	Breite eines Teilbereichs
8	256	etwa 78 mV bezogen auf +/-10 V
12	4.096	etwa 5 mV bezogen auf +/-10 V
16	65.536	etwa 0,3 mV bezogen auf +/-10 V

Die vertikale Auflösung kann auch als *Dynamik* oder *Dynamikbereich* in Dezibel angeben werden:

Bit-Breite	Dynamikbereich	Schrittweite
8	48 dB	3,9 Promille
12	72 dB	0,24 Promille
16	96 dB	0,015 Promille

7.8   Waveform Capture Rate

Während die Abtastrate die Gewinnung der Proben aus dem Messsignal betrifft, gibt die Signalfangrate (waveform capture rate) an, wie schnell neue Bilder auf dem Bildschirm entstehen. Um auch kurzzeitige Störungen, wie Glitches und Jitter, darzustellen, muss diese „Bildwiederholrate" wesentlich höher liegen als beim Fernseher. Man gibt sie in wfms/s (waveforms pro Sekunde) an. Die Werte hängen stark vom Scope-Grundtyp ab. Ein DSO mit seiner seriellen Arbeitsweise kann das Bild mit 100 bis 5.000 wfms/s aufs Display zaubern, während die Waveform Capture Rate eines DPOs (parallele Arbeitsweise) bis zu einer Million wfms/s betragen kann.

7.9   Record Length

Unter der Aufzeichnungslänge (record length) versteht man die Anzahl der Punkte, die für die Aufzeichnung einer kompletten Periode des Signals erforderlich sind. Da nur eine bestimmte Anzahl von Samples gespeichert werden kann, wächst die Aufzeichnungslänge mit Periodendauer (time interval) und Sampling Rate:

Recorded Length = Periodendauer x Sampling Rate

Manchmal ist die Wahl der Record Length möglich. Der richtige Wert ist stark von der Signalart abhängig:

- stabiler Sinus: 500 Punkte
- allgemein: 1.000 bis 10.000 Punkte
- komplexer digitaler Datenstrom: 1 Mio. Punkte

7.10   Die Speichertiefe

Der Speicher (oder Puffer) eines DSOs erweitert sozusagen den Blick in horizontaler Richtung (Zeit) über den Bildschirm hinaus.

> *Merke: Die tatsächlich auswertbare Länge des Signals ist beim DSO nicht von der Horizontaleinstellung, sondern von der Speichertiefe (memory depth) abhängig.*

Somit lassen sich ganze Datentelegramme erfassen. Man klickt den Button *Stop* an und kann die gesamte Aufzeichnung Revue passieren lassen, wobei auch ein verzögerter Stopp möglich ist. (Das Scope stellt dann um eine einstellbare Zeit zusätzlich verzögert dar). Der im laufenden Betrieb unsichtbare Aufzeichnungsbereich ist proportional zur Speichertiefe und indirekt proportional zur Sampling Rate.

Aber nicht nur für den Einsatz des DSOs in der Datentechnik ist die Speichertiefe wichtig. Im HF-Bereich kommen komplexe Signalformen wie etwa eine „Videotreppe" vor.

Über eine relativ lange Zeit muss hier mit hoher Rate abgetastet werden, will man ein gutes Ergebnis erzielen. Repetitives Abtasten funktioniert dabei nicht.

Merke: Das Verhältnis zwischen Sampling Rate und Memory Depth ist ein wichtiges Qualitätsmerkmal.

Etwa ein nur 1 kS tiefer Speicher limitiert für ein 200 μs langes Videosignal die Sampling Rate auf 5 MS/s: 1.000 S / 200 μs = 5 S/μs = 5 kS/ms = 5 MS/s. Das ergibt eine völlig unbefriedigende Darstellung. Das Scope kann vielleicht mit 100 MS/s abtasten, damit ist aber nur ein schmaler Teil des gesamten Signals erfassbar.

Oft wird die Speichertiefe nur mit *k* oder *K* angegeben. Das kleine *k* steht für 1000 – hier sinnvoll, ebenso wie die Angabe *Samples* (S). Liest man stattdessen *bit*, *Byte* oder *B*, kann man ebenfalls von Samples ausgehen. Bei vielen Zweikanal-USB-Scopes teilt sich die Speichertiefe im Zweikanalbetrieb auf beide Kanäle auf.

Merke: Zur Speichertiefe informieren die Hersteller zuweilen mehrdeutig.

Zwischenzusammenfassung

Oszilloskope sind durch diverse technische Parameter gekennzeichnet. Um sie richtig einzuschätzen, muss man Prioritäten setzen. An erster Stelle steht die Bandbreite. Bei digitalen Oszilloskopen wie USB-Scopes kann diese auch durch einsetzende verzerrte Darstellung begrenzt werden. Aus der Sampling Rate kann man nicht zuverlässig auf die Bandbreite schließen.

Bei digitalen Scopes kommen gegenüber den analogen Typen wichtige Parameter hinzu. Nicht zu vernachlässigen ist z. B. die Auflösung des A/D-Wandlers: Sie prägt die vertikale Auflösung, aber für qualifiziertere Anwendungen ist auch die Speichertiefe von Bedeutung.

8 Tipps für die Messung mit dem USB-Scope

Im Gegensatz zu anderen Oszilloskopen muss man beim USB-Scope erst die Software installieren. Das funktioniert im Allgemeinen problemlos. Weitere Punkte gilt es jedoch auch zu beachten.

8.1 Werte an Spannungen

Während die Voltangabe bei einer Gleichspannung eindeutig ist, gibt es bei Misch- und Wechselspannungen mehrere Möglichkeiten:

Spitzenwert, Scheitelwert oder Amplitude

Hier ist gegebenenfalls zwischen positiver und negativer Auslenkung zu unterscheiden, immer ausgehend vom Augenblickswert null.

Spitze-Spitze-Wert

Sind positive und negative Spitzenwerte vorhanden, kann man die Beträge zum Spitze-Spitze-Wert addieren. Da positive und negative Spitzen zeitlich versetzt sind, tritt diese Spannung tatsächlich gar nicht auf, ist also für die Spannungsfestigkeit ohne Bedeutung.

Effektivwert oder quadratischer Mittelwert

Das ist der Wert, den eine Gleichspannung haben müsste, um in einem Widerstand die gleiche Leistung wie die Misch- oder Wechselspannung zu erzeugen. Die englische Bezeichnung lautet *RMS* (root mean square). Die Bezeichnung *True RMS* bedeutet, dass das Instrument den Effektivwert (in Grenzen) unabhängig von der Kurvenform erfassen kann. Übliche Multimeter beispielsweise liefern nur bei Sinusform den richtigen Effektivwert. Für digitale Speicheroszilloskope ist die Berechnung des Effektivwerts aus der Kurvenform kein Problem.

Arithmetischer oder linearer Mittelwert

Das ist der Wert, den eine Gleichspannung haben müsste, damit die gleiche Ladungsmenge (Elektronenanzahl) transportiert wird wie bei der betrachteten Spannung. Da bei einer Sinusspannung während der negativen Halbwelle genauso viele Ladungsträger in umgekehrter Richtung fließen wie bei der positiven Halbwelle, ist dieser Mittelwert hier null. Die englische Bezeichnung lautet *MAD* (mean absolute deviation).

In der Tabelle sind die Verhältnisse für drei Kurvenformen genannt:

- reiner Sinus (undistored sinewave)
- symmetrisches Rechteck (symmetrical squarewave)
- reines Dreieck (undistored trianglewave)

Waveform 1 Volt Peak	RMS	MAD	RMS/MAD	Crest Factor
Undistored Sinewave	$\dfrac{V_{PEAK}}{\sqrt{2}} = 0.707$ Volts	$\dfrac{2V_{PEAK}}{\pi} = 0.636$ Volts	$\dfrac{0.707}{0.636} = 1.11$	$\dfrac{V_{PEAK}}{V_{rms}} = 1.414$
Symetrical Squarewave	$\dfrac{V_{PEAK}}{1} = 1.00$ Volts	$\dfrac{V_{PEAK}}{1} = 1.00$ Volts	$\dfrac{1.00}{1.00} = 1.00$	$\dfrac{V_{PEAK}}{V_{rms}} = 1.00$
Undistored Triangle-Wave	$\dfrac{V_{PEAK}}{\sqrt{3}} = 0.580$ Volts	$\dfrac{V_{PEAK}}{2} = 0.500$ Volts	$\dfrac{0.580}{0.500} = 1.155$	$\dfrac{V_{PEAK}}{V_{rms}} = 1.73$

Mittelwerte an drei verschiedenen Spannungsarten (MAD für positive Halbwellen)

Als *Crest Factor* wird das Verhältnis von Spitzenwert zu Effektivwert bezeichnet.

In *Abb. 8.1* werden die Werte an einer Sinusspannung bzw. an einer gleichgerichteten Sinusspannung grafisch dargestellt.

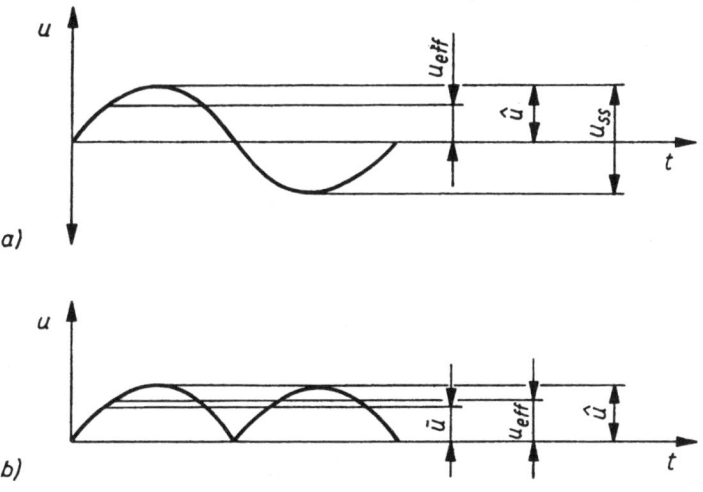

Abb. 8.1: Wichtige Werte an einer (gleichgerichteten) Sinusspannung

8.2 Beachtung von Bandbreite und Anstiegszeit

Abb. 8.2 zeigt normiert auf die obere –3-dB-Frequenz einen Frequenzgang, der höchste Impulstreue verspricht (geringste Flankenbeeinflussung, minimales Überschwingen). Man nennt dieses Ideal *MFED* (minimally frequency envelope delay). Es ist nichts weiter als der theoretische Frequenzgang eines RC-Tiefpassfilters. Da jedoch bei den Oszilloskopen mehrere Stufen hintereinander geschaltet sind, kann man sich dort dem Ideal nur annähern.

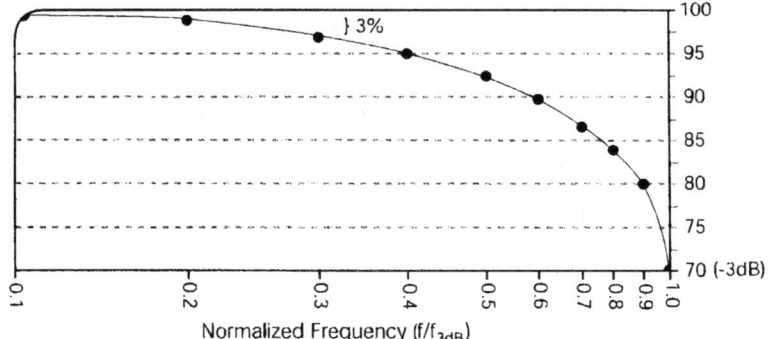

Abb. 8.2: Oft angestrebter Frequenzgang für Oszilloskope

Bei analogen Oszilloskopen gelingt das in aller Regel sehr gut. Bei einem 100-MHz-Typ ergeben sich dann folgende Fehler:

Frequenz	Fehler	Korrekturfaktor
20 MHz	-1 %	1,01
30 MHz	-3 %	1,03
40 MHz	-5 %	1,05
50 MHz	-8 %	1,09
60 MHz	-10 %	1,11
70 MHz	-14 %	1,16
80 MHz	-16 %	1,19
90 MHz	-20 %	1,25
100 MHz	-29 %	1,41

Da bei einem digitalen Oszilloskop die Signalverarbeitungskette etwas länger und komplexer ist (analog/digital), können dort größere Abweichungen auftreten.
Die Anstiegszeit des analogen Oszilloskops selbst hängt indirekt proportional von der

Bandbreite ab. Diese Zeit ermittelt man am bequemsten, indem man 350 ns durch die Bandbreite in MHz teilt. Das gilt in etwa auch für viele digitale Oszilloskope.

Ein 100-MHz-Oszilloskop kann demnach einen idealen Impuls nur so abbilden, dass Anstiegs- und Abfallzeit 3,5 ns betragen. (Der Amplitudenspielraum hierfür ist definiert von 10 auf 90 % bzw. von 90 auf 10 % der Impulshöhe). Bei einem 10-MHz-Oszilloskop würden diese Zeiten 35 ns betragen.

Wie kann man nun Anstiegs- und Abfallzeit eines realen Impulses ermitteln? Das erfolgt in folgenden Schritten:

1. Scope-Anstiegszeit ermitteln und quadrieren
2. Anstiegs- bzw. Abfallzeit am Bildschirm ermitteln und quadrieren
3. Differenz der Quadrate bilden
4. Wurzel aus Differenz ziehen

Als Beispiel seien ein 50-MHz-Scope und eine am Bildschirm dargestellte Anstiegszeit (Zeit zwischen 10 und 90 % der Impulshöhe) von 15 ns angenommen.

1. 350 ns / 50 = 7 ns, 7^2 ns^2 = 49 ns^2
2. 15^2 ns^2 = 225^2 ns^2
3. 225^2 ns^2 − 49^2 ns^2 = 176^2 ns^2
4. Wurzel aus 176^2 ns^2 = 13 ns

Die Anstiegszeit des Impulses liegt mit 13 ns nur geringfügig unter dem dargestellten Wert. Mit einem 100-MHz-Scope wäre die Abweichung noch geringer, mit einem 10-MHZ-Scope jedoch deutlich größer.

Ein digitales Oszilloskop kann ebenfalls durch die größere Komplexität der Signalverarbeitung Abweichungen gegenüber den rein analogen Verhältnissen zeigen.

8.3 Was bei Tastköpfen wichtig ist

So ganz allein kann das Oszilloskop all seine nützlichen Eigenschaften leider nicht entfalten. Man muss in aller Regel das Messsignal per Kabel an den Scope-Eingang führen. Soll das Oszilloskop ein wirklich reales Bild der am Messort auftretenden Messgröße liefern, müsste es so mit dem Messpunkt verbunden werden, dass es diesen nicht belastet. Das ist praktisch unmöglich.

Man muss also bei Oszilloskopen mit BNC-Eingang mindestens einen Tastkopf anschaffen. Folgende Grundtypen stehen zur Auswahl:

- passiver Tastkopf 1:1
- passiver Vorteiler-Tastkopf 1:10
- passiver Tastkopf 1:1/1:10 umschaltbar
- aktiver Tastkopf
- Demodulatortastkopf

Ein passiver 1:1-Tastkopf besteht nur aus Tastspitze, Kabel und Stecker. Er erhöht die Eingangskapazität der Messanordnung um einen definierten Betrag. Zu den für Scope-Eingänge typischen 30 pF gesellen sich ungefähr 50 pF hinzu.

Beim Tastkopf 1:10 ist ein RC-Glied hinter der Tastspitze angeordnet. Durch die Spannungsteilung „erkauft" man sich eine Eingangskapazität, die unter den 30 pF des Oszilloskopeingangs liegen kann – ein nicht zu verachtender Vorteil!

Unsere Wahl sollte auf einen passiven Tastkopf 1:1/1:10 umschaltbar fallen. Die Kombination bedeutet Preisgünstigkeit. Der Praktiker benötigt beide Möglichkeiten.

Merke: Ein passiver Tastkopf 1:1/1:10 umschaltbar ist praxisgerecht und preiswert.

Aktive Tastköpfe bieten das beste Eingangsverhalten (hochohmig und kapazitätsarm), sind aber teuer und natürlich in der Ansteuerbarkeit begrenzt. Durch Selbstbau kann man zu einem Kompromiss zwischen Leistungsfähigkeit und Preis kommen.

HF-Demodulator-Tastköpfe wandeln HF-Spannungen in Gleichspannungen um oder bewirken eine AM-Demodulation. Mit ihnen kann man also den AM-Inhalt auf dem Scope darstellen, wobei die Scope-Bandbreite, im Gegensatz zur Darstellung des kompletten HF-Signals, klein sein kann.

8.4 Die Vorteile eines Vorteilers

Insbesondere USB-Scopes sind zwar recht empfindlich, nicht aber sehr empfänglich für hohe Spannungen. Eine maximal zulässige Eingangsspannung von 30 V ist üblich. Man kann also mit dem Teilertastkopf erst Spannungen über etwa 50 V messen.

Der eigentliche Sinn eines Vorteilers ist, dass nicht nur der ohmsche Eingangswiderstand um den Faktor 10 erhöht, sondern die Kapazität vermindert wird. Infolge der Kabelkapazität und der parasitären Kapazitäten des Tastkopfs ist hier natürlich eine Teilung der Scope-Eingangskapazität um 10 nicht möglich. Aber man kann diese Kapazität von beispielsweise 30 pF ungefähr zum Messpunkt „transportieren".

Die die Quelle belastende Impedanz nimmt nicht nur wegen ihres kapazitiven Charakters mit steigender Messfrequenz ab, sondern auch wegen der mit der Frequenz steigenden Verluste in den Kondensatoren. Schon bei wenigen 100 kHz kommen nur noch einige Kiloohm zusammen.

Durch diese doppelte Belastung kann das Messergebnis erheblich verfälscht werden, da man den Spannungsabfall am Innenwiderstand des Messobjekts nicht mehr vernachlässigen kann. Der Vorteiler 1:10 entschärft dieses Problem, kann es aber praktisch keineswegs beseitigen.

Die Vorteiler besitzen eine Justierschraube. Die Justage ist verblüffend einfach, wenn das Oszilloskop einen Rechteckgenerator bietet oder man ein Rechtecksignal von ganz ungefähr 1 kHz erzeugen kann. Man nimmt es mit dem Tastkopf auf und stellt den Trimmer so ein, dass auf dem Oszilloskopschirm die beste Rechteckform erscheint. Es sollte also nicht zu Überschwingen und sichtlich nach e-Funktion verlaufenden Flanken kommen.

Abb. 8.3 zeigt oben (a) ein Kabel mit vielleicht 50 pF verteilter Kapazität am Scope-Eingang mit vielleicht R = 1 MOhm und C = 30 pF. Die Gesamtkapazität ist nun auf 80 pF angestiegen. Dies bewirkt einen mit der Frequenz steigenden Strom, der am Innenwiderstand der Messsignalquelle R_i einen Spannungsabfall bewirkt, eine Fehlspannung, um die die Scope-Anzeige gemindert wird (b). Der 10:1-Teiler hilft aus diesem Dilemma, indem er der stark störenden Impedanz Z von beispielsweise 1 MOhm parallel 80 pF eine neunmal kleinere Kapazität C_v und einen neunmal größeren ohmschen Widerstand R_v vorschaltet (c). Dies bedeutet mit unseren Beispielwerten theoretisch eine Gesamtimpedanz von 10 MOhm und 8 pF. Wegen der Eigenkapazität des Tastkopfs ist die wirkliche Kapazität allerdings deutlich größer, z. B. 25 pF.

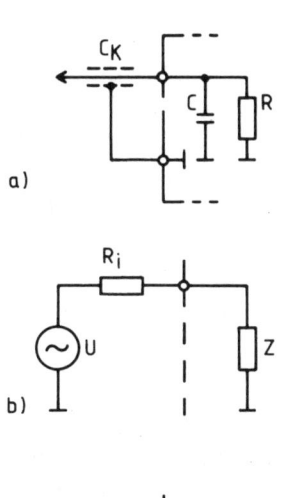

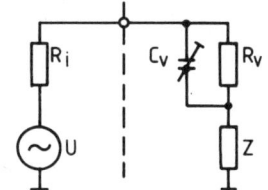

Abb. 8.3: Scope-Eingang mit 1:1-Teiler (a), Signalquellen-Innenwiderstand (b) und 1:10-Teiler (c)

Tipps für passive Tastköpfe

Diese Komponenten werden leider oft unterschätzt – nicht so sehr bezüglich ihrer grundsätzlichen Nützlichkeit als vielmehr im Hinblick auf ihre korrekte Anwendung. Drei Kardinalfehler können es sein, die das beste Oszilloskop nicht wieder gutmachen kann:

- Anschluss eines unpassenden Tastkopfs
- Verwendung eines nicht richtig abgeglichenen Tastkopfs
- nicht fachgerechter Tastkopfanschluss an das Messobjekt

Mit einem 1:10-Teiler ergeben sich zwei Zeitkonstanten, beispielsweise 9 MOhm x 9 pF (Teiler) und 1 MOhm x 80 pF (30 pF Scope + 50 pF Kabel). Die Scope-Eingangskapazität liegt der Kabelkapazität parallel. Der Teiler gilt als korrekt abgeglichen, wenn beide Zeitkonstanten gleich sind. Dies ist hier praktisch der Fall, nur ist sich der Anwender eventuell nicht über folgende Probleme im Klaren:

1. Die Eingangskapazität des Teilers ist deutlich größer als 10 pF. Hierfür sorgen die Streukapazitäten zwischen Tastspitze und Tastkopfgehäuse. Manchmal kann die Gesamtkapazität sogar größer als die des Scope-Eingangs allein sein.

2. Die Kapazitätsabhängigkeit des Teilerfaktors setzt schon bei ungeahnt niedrigen Frequenzen ein. Die Grenze zwischen ohmscher und kapazitiver Teilung gibt die *Übergangsfrequenz* an, die man erhält, wenn man 0,16 durch die Zeitkonstante teilt. Man erhält bei der angegebenen Dimensionierung 2 kHz (0,16/0,08 ms). Folglich muss der Tastkopf auch bei Messungen im Audiobereich exakt abgeglichen sein!

3. Durch die verteilte Kabelkapazität und den nicht gegebenen wellenwiderstandsrichtigen Abschluss des Kabels treten im Hochfrequenzgebiet Übertragungsfehler (Reflexionen) auf. Im Wesentlichen handelt es sich um Impulsverzerrungen.

4. Bei höheren Frequenzen spielen die Verlustfaktoren der Kapazitäten eine Rolle. Dies äußert sich in einem mit steigender Frequenz stark zurückgehenden ohmschen Anteil des Eingangswiderstands.

Der Selbstbau eines solchen Tastkopfs gestaltet sich schwierig. Die Herstellung guter industriell hergestellter passiver Tastköpfe basiert auf vielen Überlegungen und Erfahrungen. Der Anwender sollte sich auf eine korrekte Verwendung unter Beachtung aller Schwachpunkte konzentrieren. Es lohnt sich, folgende Einsatztipps zu beachten:

- Die typische Angabe „10 MOhm//15 pF" auf einem 1:10-Teiler gilt nur für niedrige Frequenzen. Bereits ab ungefähr 100 kHz sinkt der ohmsche Anteil drastisch ab.

- Die Bandbreite des Tastkopfs sollte mindestens dreimal so hoch sein wie die des Oszilloskops. (Einige Hersteller geben eine Systembandbreite für die Kombination Tastkopf/Scope an; das ist praxisgerecht.)
- Die Anstiegszeit des Tastkopfs muss unter 30 % von der des Oszilloskops liegen, wenn die Anstiegszeit des Systems Tastkopf-Oszilloskop praktisch gleich der des Scopes sein soll.
- Wird ein justierter Tastkopf bei einem anderen Scope eingesetzt, kann man nicht davon ausgehen, dass weiterhin beste Impulstreue gegeben ist. Der Tausch zwischen den Kanälen ein und desselben Scopes ist hingegen bedenkenlos möglich.
- Je kürzer eine Tastkopfleitung ist, desto besser. Das USB-Scope macht den Weg frei für kürzeste Leitungen, da es problemlos recht nah an die Messstelle gebracht werden kann.
- Passive Tastköpfe älteren Datums dürfen als ebenso leistungsfähig wie moderne angesehen werden, sind aber aus zweiter Hand deutlich preiswerter erhältlich.
- Von Zeit zu Zeit sollte man den Tastkopf neu abgleichen. Dazu dient bekanntlich der in fast allen Oszilloskopen enthaltene Rechteckgenerator (meist 1 kHz/1 V) als Grundabgleich. Man sorgt für ein möglichst großes Bild und stellt die Zeitablenkung auf 1 ms/cm. Ein möglichst ebenes Dach ist das Ziel der Justage.
- Auf den richtigen Masseanschluss des Tastkopfes kommt es meist an. Ein falscher Anschluss führt zu mitunter enormen Verzerrungen und/oder Störeinkopplungen. Krokodilklemmen sind nur bei geringen Frequenzen geeignet – besser eignen sich die mitgelieferten Masseschuhe. Ihr Stift kontaktiert dicht neben der Tastspitze.
- Ein Tastkopf-Set (siehe Foto, Quelle: Tektronix) ist von Vorteil, da es aufsteckbare Anschlusskomponenten bietet, sodass man für verschiedene Praxisfälle gut gerüstet ist. Eine Lötstelle wird man mit der Spitze kontaktieren, einen IC mit der entsprechenden Klemme.

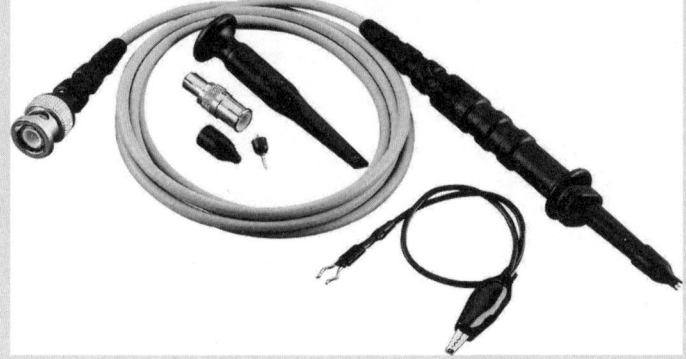

8.5 Messen von Analogsignalen

Ein Oszilloskop dient in erster Linie der Erfassung von Wechselspannungen. Man kann damit zwar auch Gleichspannungen messen, doch benutzt man dazu besser das Multimeter.

Wollen wir mit dem USB-Scope Wechselspannungen messen, sollten wir den nicht allzu großzügigen Aussteuerbereich des Eingangs kennen. Hier sind zwar selten mehr als 50 V möglich, doch genügt das im Elektronikbereich meist vollkommen.

In elektronischen Schaltungen ist das Signal meist einer Gleichspannung überlagert. Man kann – wie mit jedem anderen Oszilloskop auch – Gleichspannung und Signalspannung zusammen oder nur die Signalspannung darstellen – je nachdem, ob man den Eingang auf *DC* oder *AC* schaltet. Im Fall *DC* ist zu beachten, dass nun natürlich beide Spannungen am Eingang liegen. Beträgt die Gleichspannung beispielsweise 24 V und die Signalspannung 5 V (effektiv), ist ein 30-V-Scope überfordert, denn 24 V + 5 V x 1,4 (crest factor) = 31 V. So etwas kann bei Leistungsendstufen leicht vorkommen, stellt im Kleinsignalbereich aber kein Problem dar.

Beim Messen von Analogsignalen in Schaltungen sollten wir „zwei Fliegen mit einer Klappe schlagen":

1. Gleichspannung ermitteln (Arbeitspunkt in Ordnung?)
2. Signalspannung ermitteln (Signal in Ordnung?)

Dies gelingt bei auf *DC* gestelltem Eingang. Etwa in der einfachen Verstärkerstufe nach *Abb. 8.4* können wir dazu an vier Punkten messen:

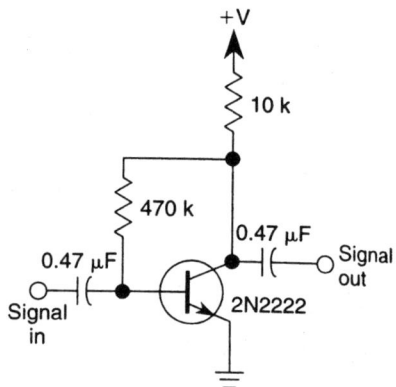

Abb. 8.4: Einfache Emitterstufe

Signal in
Hier muss die Arbeitspunktspannung des Vorverstärkers (DC) sowie die Signaleingangsspannung (AC), falls vorhanden, auftreten.

Basis

Die Basis-Emitter-Diode des Transistors ist leicht vorgespannt. Die Gleichspannung muss bei 500 mV liegen. Die Signalspannung muss dem zuvor gemessenen Wert entsprechen, sonst ist der Koppelkondensator defekt.

Kollektor

Hier sollte eine Gleichspannung von einigen Volt oder etwa in Höhe der halben Betriebsspannung auftreten. Die Signalspannung muss wesentlich größer als an der Basis sein.

Signal out

Der Ausgangskondensator trennt die DC-Spannung ab und überträgt die Signalspannung unvermindert. Andernfalls ist er defekt.

Grundsätzlich sollte man in Schaltungen systematisch „von vorn nach hinten" messen, also gewissermaßen das Signal verfolgen. Ein Signalverlust ist meist auch mit einem unzulässigen Arbeitspunkt verbunden.

Anhand von *Abb. 8.5* sei dies beispielhaft beschrieben. Es handelt sich um die Schaltung eines Erschütterungsmelders nach H. Schreiber. Die Erschütterung wird von einem preiswerten Drehspulinstrument (Indikatorinstrument) in eine Spannung verwandelt. Funktioniert dieser Alarmmelder nicht wie gewünscht, kann man statt des Instruments eine kleine Wechselspannungsquelle (50 Hz, wenige Millivolt, gewonnen über Spannungsteiler aus Netztrafo) anschließen. Dann misst man Stufe für Stufe Gleich- und Wechselspannung. Speist man z. B. 100 µV ein, sollten sich folgende Ergebnisse an den Ausgängen der fünf Stufen einstellen:

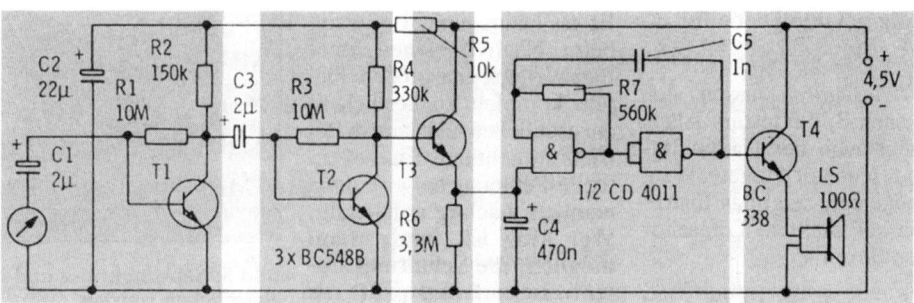

Abb. 8.5: Eine Schaltung der Allgemeinelektronik, zerlegt in fünf Stufen.

Stufe 1

DC 1 bis 3 V, AC ungefähr 10 mV

Stufe 2

DC 2 bis 3 V, AC ungefähr 1 V

Stufe 3

DC 2 bis 4 V, AC 4,5 V Spitze-Spitze (übersteuert)

Stufe 4

AC 4,5 V Spitze-Spitze, aber im Kilohertzbereich

Stufe 5

AC 4,5 V Spitze-Spitze im Kilohertzbereich (hoher Strom)

> *Merke: Das systematische Messen von DC und AC im Sinne einer „Signalverfolgung"
> führt meist am schnellsten zum Ziel.*

8.6 Messen von Digitalsignalen

Komplexe Digitalschaltungen (Computer-Peripheriebaugruppen, digitale Messgeräte
wie z. B. Zähler, kompliziertere elektronische Spiele usw.) lassen sich ebenfalls mit dem
USB-Scope untersuchen. Eine besondere Schwierigkeit können hier die kurzen Schaltzeiten digitaler ICs sein. Sie erfordern eine entsprechende Scope-Bandbreite, damit
wichtige Details wie Prellen oder Jitter nicht verloren gehen.

Technologie	Schaltzeit	Bandbreite
TTL 74	10 ns	35 MHz
TTL 74LS	9 ns	40 MHz
TTL 74(AL)S	3 ns	120 MHz
TTL 74AS/F	2 ns	175 MHz
Standard-CMOS 5 V	40 ns	10 MHz
Standard-CMOS 10 V	20 ns	20 MHz
CMOS 74HC	8 ns	50 MHz
GTL	1 ns	350 MHz

Andere Technologien wie LVDS, ECL oder GaAs haben Schaltzeiten unter 1 ns. Veran-
schlagt man einmal 10 ns, wie es bei Standard-TTL und Standard-CMOS an hoher
Spannung der Fall ist, ist eine Grenzfrequenz von 35 MHz für das System erforderlich,
damit sich diese Anstiegszeit praktisch nicht erhöht. Wird in dieser Hinsicht z. B.
durch zu lange Messleitungen (kapazitive Belastung) gesündigt, kann es infolge zu
geringer Flankensteilheit zu Schwingneigung kommen.

> *Merke: Während im analogen Bereich eine Störung nur einen prozentualen Fehler
> bewirkt, liefert ein gestörtes Digitalsignal ein völlig entstelltes Ergebnis.*

Je höher die Flankensteilheit und je geringer die Speisespannung, desto störanfälliger sind digitale Schaltungen. Bei zu langen, nicht angepassten Signalleitungen kommt es zu Reflexionen, die ebenfalls ernsthaft stören können. (Dieser Effekt ist in der analogen Fernsehtechnik als Geisterbild bekannt.) Genau das ist bei den Tastkopfleitungen der Fall. Hier liegt keine Leistungsanpassung wie in einem 50-Ohm-System vor. Als Faustregel gilt:

Eine einfache Verbindung reicht nicht mehr, wenn die Signallaufzeit auf der Leitung in die Größenordnung der Anstiegszeit der Schaltung kommt.

Hieraus folgt eine Maximallänge von 10 cm pro Nanosekunde Anstiegszeit. Bei TTL-Schaltungen müssen wir also schon auf eine recht kurze Tastkopfleitung achten.

Merke: Für die Messung schneller Digitalsignale kürzestmögliche Messleitungen benutzen!

Beim Einsatz des Tastkopfs zum Messen in Digitalschaltungen beachte man:

Immer die Masseleitung des Tastkopfs verwenden! Separate Masseleitungen können bei einem Messsignal mit steilen Flanken auf dem Bildschirm ein Überschwingen erzeugen, das in der untersuchten Schaltung gar nicht existiert.

Abb. 8.6 gibt eine Übersicht über Fehlermöglichkeiten und deren Ursachen bei Standard-TTL, Low-Power-Schottky-TTL und CMOS-Gattern.

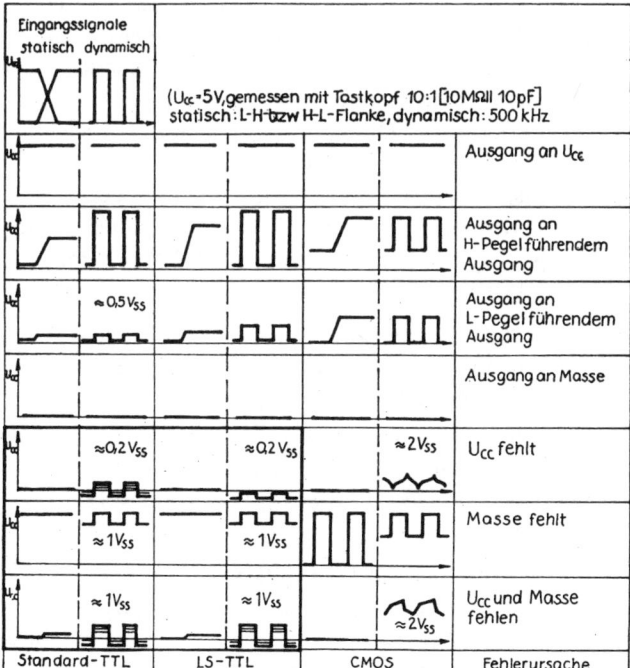

Abb. 8.6: Fehlerbilder und Fehlerursachen bei Digitalschaltkreisen

8.7 Trigger- und Sample-Rate-Einstellung

Bei der Darstellung kontinuierlicher Signale ist der Trigger-Modus unkritisch. Kommt es aufgrund zu geringem Signalpegel oder völlig falscher Einstellung zu keiner Triggerung, läuft das Signal gewissermaßen durch, wie es in *Abb. 8.7* dargestellt ist.

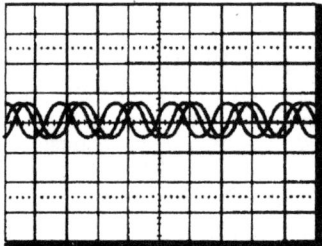

Abb. 8.7: Ein ungetriggertes Signal „läuft durch".

Sollen einmalige Vorgänge aufgezeichnet werden, ist der Trigger-Modus von hoher Bedeutung. Man kann einige Versuche machen – die sogenannten einmaligen Vorgänge lassen sich schließlich immer wieder auslösen.

Bei einem kontinuierlichen Signal hat man oft die Wahl zwischen nativer und repetitiver Abtastung. Letztere bringt bei im Vergleich zur Bandbreite hohen Signalfrequenzen das beste Ergebnis. *Abb. 8.8* zeigt oben ein 10-GHz-Signal (Periodendauer 100 ps), das mit einer repetitiven Sampling Rate von etwa 9 GHz abgetastet wird. Auf zehn Wellenzüge kommen also neun Abtastpunkte. Bei dieser geringen Abweichung zwischen Signal- und Sampling-Frequenz kann der Mikroprozessor, wie oben am Verlauf der Punkte und unten an der entsprechenden Kurvenform ersichtlich, gut rekonstruieren. Schwierig würde es werden, wenn Signal- und Sampling-Frequenz gleich wären. Dann hätten nämlich alle Signalproben den gleichen Wert. Ein – zumindest theoretischer – Schwachpunkt beim Random Sampling.

Beim unüberlegten Messen mit dem USB-Scope kann es schnell zu fehlerhaften Ergebnissen kommen. Ist die Signalfrequenz größer als 20 % der Bandbreite, muss zur korrekten Amplitudenermittlung ein Korrekturfaktor berücksichtigt werden. Auch sehr steile Flanken kann das USB-Scope nicht mehr korrekt darstellen, man muss hier ebenfalls umrechnen. Insbesondere bei hochfrequenten Signalen ist die Frequenzabhängigkeit der Eingangsimpedanz der Messanordnung mit dem USB-Scope zu berücksichtigen – egal ob mit oder ohne Tastkopf.

Beim Oszilloskopieren schneller Digitalsignale spielt die Tastkopfleitung eine Rolle. Sind die Flanken sehr steil und ist die Leitung recht lang, können Reflexionen ein völlig entstelltes Bild bewirken. Grundsätzlich gilt beim USB-Scope wie bei allen DSOs, dass der richtigen Einstellung des Messgeräts größere Aufmerksamkeit gewidmet werden muss als beim analogen Oszilloskop.

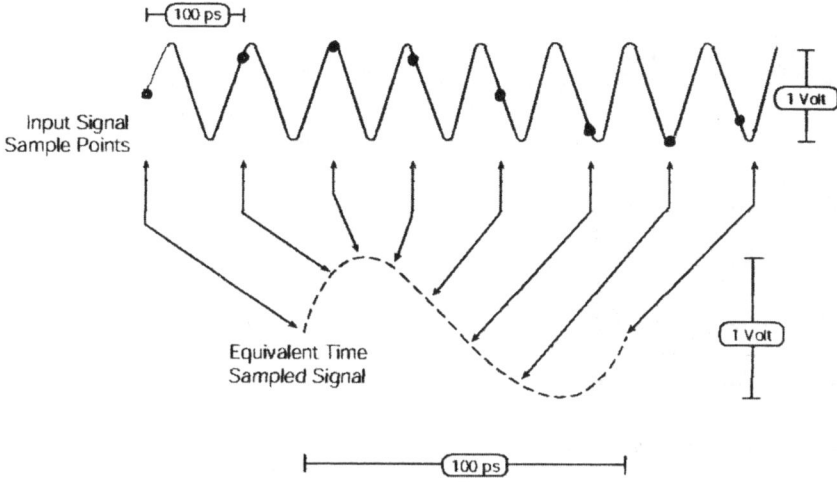

Abb. 8.8: Equivalent-Time-Abtastung eines 10-GHz-Signals (Quelle: Tektronix)

USB-Scopes: Vorsicht, Masse!

Bei USB-Scopes am PC muss man aufpassen, dass man nicht versehentlich eine Spannung an Masse anlegt. Diese setzt sich nämlich in der Regel zum PC durch und kann diesen oder das Scope gefährden. Die Hersteller geben entsprechende Warnhinweise. Diese kann man aber immer dann ignorieren, wenn das ganze System aus Messobjekt, Scope und Computer nur einmal oder gar nicht mit dem Schutzleiter des Hausnetzes 230 V verbunden ist.

Mit einem Notebook oder Minicomputer oder mit einer batteriebetriebenen Schaltung, an der man misst, ist man auf der sicheren Seite. Speist man nämlich ein Gerät aus einer Batterie oder einem Akku, wird es „schwimmend" betrieben. Gelangt in dem Fall eine vom Netz bezogene Spannung an den Masseanschluss der BNC-Buchse des Scopes, liegt das gesamte System Scope/Computer auf diesem Niveau – aber es passiert nichts.

9 Weiteres zu USB-Scopes

Bei USB-Scopes trifft man wie bei den DSOs, als deren „Spezialvariante" man sie verstehen kann, teilweise auf interessante Zusatzfeatures. Diese haben mitunter die Digitaltechnik erst möglich gemacht. So sucht man die Kombination Oszilloskop/Spektrumanalysator im Analogbereich wohl vergebens.

9.1 Kalibriergenerator

Der 1-kHz-Kalibriergenerator dient in erster Linie der Justage von 1:10-Tastköpfen. Man passt sie damit an das Scope an und gleicht Langzeitabweichungen regelmäßig aus. Weiterhin kann man den internen Rechteckgenerator auch nutzen, um das X- und das Y-Teil zu überprüfen – er liefert nämlich sowohl eine definierte Amplitude als auch Frequenz (meist 1 V, 1 kHz).

Darüber hinaus kann er als Signalgenerator dienen. Nimmt man einen RC-Tiefpass mit etwa 16 Hz Grenzfrequenz, erhält man ein dreieckförmiges 1-kHz-Signal mit um ungefähr 20 dB reduzierter Amplitude:

Grenzfrequenz	R	C
16 Hz	100 kOhm	1 µF
16 Hz	220 kOhm	470 nF
16 Hz	470 kOhm	220 nF

Man kann die beiden Bauelemente direkt an das Ende eines Koaxialkabels löten (*Abb. 9.1*). Dann gelingt es sehr bequem, das Signal einer Schaltung zuzuführen.

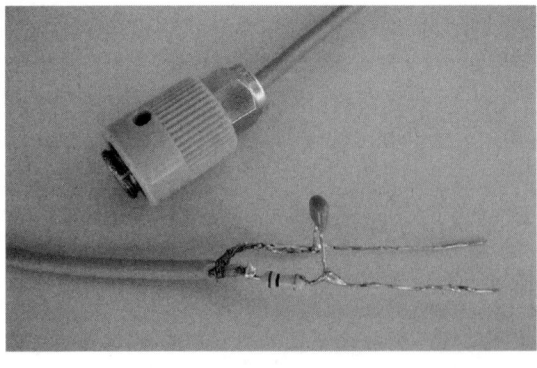

Abb. 9.1: RC-Tiefpass am Kabelende

9.2 Funktionsgenerator (Wafeform Generator)

Das englische Wort *waveform* ist mit „Signal" zu übersetzen, statt „Signalgenerator" nennt man im Deutschen einen Generator, der verschiedene „Wellenformen" (Sinus, Rechteck, Dreieck) liefert, aber „Funktionsgenerator".

Solche Generatoren sind als Einzelgeräte gut bekannt. Sie basieren meist auf einem speziellen Funktionsgenerator-Schaltkreis. Anders bei dem Funktionsgenerator, den ein USB-Scope bieten kann: Hier werden die Signale per Software berechnet und nehmen erst am Schluss ihre elektrische Form (durch „scheibchenweises" Zusammensetzen) an. Das Gleiche ist bekanntlich auch ohne USB-Scope nur mit einem Computer über die Soundcard möglich.

Die Software-Funktionsgeneratoren in USB-Scopes können leistungsfähig sein und beispielsweise diverse Kurvenformen einschließlich Treppen/Rampen bis 10 MHz bei sehr guter Auflösung bereitstellen.

9.3 Spectrum Analyzer

Der Mathematiker Fourier hat schon vor langer Zeit nachgewiesen, dass sich jede periodische Schwingung als Summe von Sinus- und Cosinus-Schwingungen darstellen lässt.

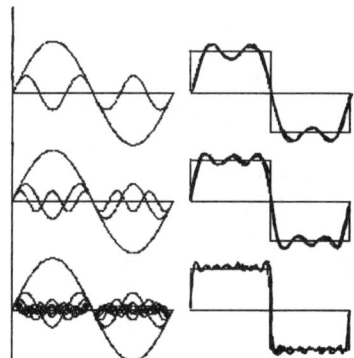

Abb. 9.2: Die Rechteckschwingung als Überlagerung verschiedener Sinus- und Cosinus-schwingungen

Beispielhaft zeigt dies *Abb. 9.2* anhand einer symmetrischen Rechteckschwingung. Demnach ist es möglich, ein Signal auf zwei grundverschiedene Arten komplett darzustellen:

- im Zeitbereich
  Die Augenblickswerte werden über einer Zeitachse abgetragen. Dies bietet das Oszilloskop.

- im Frequenzbereich
  Die Amplituden der Sinus- und Cosinus-Schwingungen, die in Summe das Signal ergeben, werden über einer Frequenzachse dargestellt. Dies leistet der Spectrum Analyzer (Spektrumanalysator).

Abb. 9.3 zeigt das Blockschaltbild eines einfachen analogen Spektrumanalysators. Es unterscheidet sich kaum von dem eines Einfachsupers. Die wesentlichen Unterschiede sind lediglich, dass mit dem Sägezahngenerator G immer wieder automatisch linear durchgestimmt und statt eines Lautsprechers ein Display verwendet wird.

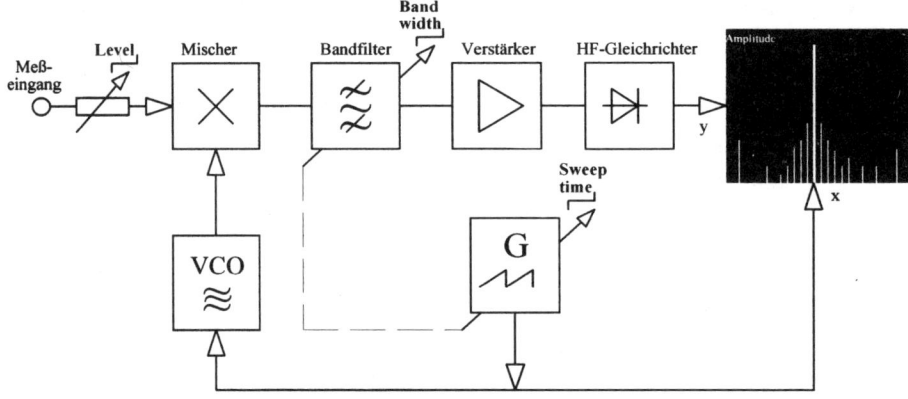

Abb. 9.3: Grundaufbau eines herkömmlichen Spektrumanalysators

Diese Anordnung ist in der Lage, beispielsweise die Stärke und Frequenz einzelner Sendersignale übersichtlich darzustellen. Die Antennenmischspannung wird dazu immer und immer wieder linear im vorgegebenen Frequenzbereich ausgefiltert, das komplexe Antennensignal also in seine schlichten Bestandteile (Sinus- und Cosinus-Anteile) zerlegt. Es ist gerechtfertigt, hier von einem *Spektrum* und einer *Analyse* zu sprechen.

In *Abb. 9.4* werden zwei überlagerte Sinusspannungen im Zeit- und im Frequenzbereich dargestellt.

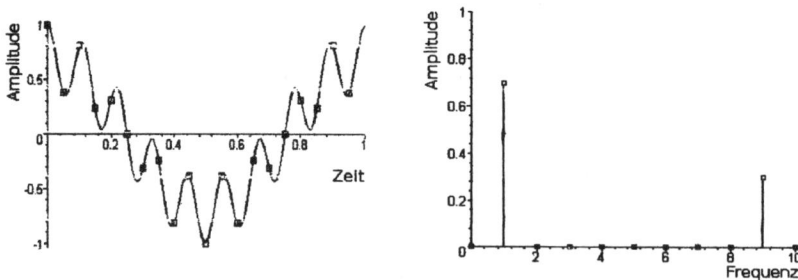

Abb. 9.4: Zwei überlagerte Sinusschwingungen im Zeit- und Frequenzbereich

Was der analoge Spektrumanalysator macht, kann man auch weitgehend mit Software erledigen. Der rechentechnische Durchbruch gelang Cooley und Tukey in den sechziger Jahren mithilfe der computergestützten Fourier-Analyse. Man spricht heute von *Fourier-Transformation*, denn nun ist es auf dieser Basis möglich, Signale nicht nur zu analysieren, sondern auch gezielt zu beeinflussen – beispielsweise auf fast perfekte Art zu filtern.

Das Standardverfahren zur Erzeugung des Frequenzspektrums mithilfe der digitalen Signalverarbeitung ist die *diskrete Fourier-Transformation* (DFT). Hierbei ist der Aufwand an Rechenschritten hoch, er wächst quadratisch mit der Anzahl der Messpunkte n (Auflösung). Deshalb entwickelte man einen schnelleren Algorithmus, den der sogenannten *schnellen Fourier-Transformation* (*fast Fourier transformation, FFT*). Der FFT-Algorithmus beruht auf einer geschickten Zusammenfassung von Summanden, um bestimmte Symmetrieeigenschaften auszunutzen. Dadurch konnte der Aufwand auf n x log n gesenkt werden.

Anhand einer 8-bit-Auslösung (256) sei der Unterschied dargestellt:

Methode	Rechnung	Ergebnis
DFT	256 x 256	65.536
FFT	256 x 2,41	617

Der Aufwand ist auf weniger als ein Prozent gesunken. Damit ist der Weg frei für die Anwendung der Fourier-Transforamtion auf kleinen Prozessrechnern und PCs. Wir finden die Funktion *Spectrum Analyzer* bzw. *FFT* auch als hochinteressante Dreingabe bei USB-Scopes.

Merke: Wie beim Oszilloskop (Darstellung im Zeitbereich) ist auch beim Spektrumanalysator (Darstellung im Frequenzbereich) die Bandbreite das entscheidende Leistungsmerkmal.

9.4 Frequenzmesser

Auch wenn man die Signalfrequenz errechnen kann, ist die Genauigkeit dabei sehr gering. Eine eventuell vorhandene Frequenzmesserfunktion bietet eine um einige Zehnerpotenzen geringere Toleranz. Die Frequenz wird dazu numerisch ausgegeben.

Merke: Beim Frequenzmesser ist die Anzahl der Stellen als Ausdruck der Genauigkeit anzusehen: Je mehr Stellen, desto geringer die Messtoleranz.

9.5 Voltmeter

Beim Voltmeter ist es ähnlich wie beim Frequenzmesser: Mit geringer Genauigkeit können wir den Wert einer Gleichspannung auch anhand der Höhe des waagerechten Strichs über der Nulllinie auf dem Display feststellen. Die Voltmeterfunktion bietet uns aber eine Skala wie auf einem analogen oder digitalen Multimeter. So kann man bequemer und genauer ablesen.

9.6 Datenlogger (Data Logger)

Ein Datenlogger kann Messgrößen (Temperaturen, Spannungen, Ströme) über eine bestimmte Zeit hinweg erfassen. Dazu nimmt er in einem programmierbaren Rhythmus Proben und speichert diese ab. Kurzzeitige Störungen oder Extreme können also „übersehen" werden.

Ein Datenlogger besteht u. a. aus folgenden Komponenten:

- programmierbarer Mikroprozessor
- Speicher
- Schnittstelle(n)
- Kanäle (Eingänge) zum Anschluss der Sensoren

Die Speicherung erfolgt so, dass es bei Ausfall der Versorgungsspannung zu keinem Datenverlust kommt. Die Schnittstelle eines in einem USB-Scope implementierten Datenloggers ist natürlich der USB. Darüber wird der Datenlogger auch für den vorgesehenen Anwendungsfall (z. B. Temperaturüberwachung über mehrere Tage) konfiguriert. Start- und Endzeit der Messung sowie Messintervalle (bei Temperaturmessung z. B. 15 min) sind also wichtige Eingaben.

10 Einfache aktive Tastköpfe

Die Anforderungen an einen aktiven Tastkopf sind hoch. Um sie optimal zu erfüllen, ist ein beträchtlicher Aufwand erforderlich. Als „Kontrastprogramm" zu diesem kostspieligen professionellen Zubehör werden hier drei besonders einfache Schaltungen mit gutem Aufwand-Nutzen-Verhältnis dargestellt.

10.1 Tastkopf in Drainschaltung

Die Drainschaltung – der Spannungsfolger mit FET – bietet sich auf den ersten Blick besonders für einen aktiven Tastkopf an, scheint er doch 1. einen sehr hochohmigen Eingang, 2. Einsverstärkung (0 dB) und 3. einen niederohmigen Ausgang zu versprechen. Bei näherer Beschäftigung mit der Materie ist jedoch Folgendes festzustellen:

Zu 1.: SFETs besitzen statische Eingangswiderstände über 1 GOhm und Eingangsleckströme von einigen 10 pA. Das darf nicht dazu verführen, vernachlässigbar große ohmsche Eingangswiderstände auch bei Hochfrequenz vorauszusetzen. Der Verlustwiderstand der Eingangskapazität sorgt nämlich mit zweifacher Wirkung für beachtliche Werte des ohmschen Eingangswiderstands ab etwa 10 MHz: Erstens fällt die Güte eines Kondensators in der Regel mit der Frequenz, zweitens ist der sich aus der Güte ergebende Verlustwiderstand indirekt proportional zum Blindwiderstand des Kondensators und somit zur Frequenz. Hinzu kommt: In Drainschaltung bewirkt eine kapazitive Last einen frequenzabhängigen negativen Eingangswiderstand. Das kann folgendermaßen aussehen: Zunächst steigt der ohmsche Eingangswiderstand mit der Frequenz an, beispielsweise von 10 MOhm (100 kHz) auf 30 MOhm (1 MHz). Ungefähr bei 1 MHz ist der Widerstand unendlich, dann wird er negativ und beträgt beispielsweise bei 10 MHz −50 kOhm und bei 30 MHz −5 kOhm. Dies hat H. Schreiber zumindest an einem SFET ermittelt. Verantwortlich für das sonderbare Verhalten der Eingangsimpedanz sind innere Rückwirkungen.

Zu 2.: Mit sinkendem Lastwiderstand nimmt die Verstärkung ab. 0 dB sind annähernd nur mit Lastwiderständen über 1 kOhm möglich.

Zu 3.: Der Ausgangswiderstand der Drainschaltung ist wesentlich höher als bei der Kollektorschaltung; er ergibt sich als Gesamtwiderstand aus dem Kehrwert der Steilheit (bei 4 mS Steilheit sind das beispielsweise 250 Ohm) und dem Sourcewiderstand. Hat dieser ebenfalls 250 Ohm, liegen also 125 Ohm vor. Das macht den *Sourcefolger* – wie man die Drainschaltung auch nennt – empfindlich gegenüber kapazitiver Last. Würde man dieser ausweichen, indem man das Kabel wellenwiderstandsmäßig abschließt, würde durch diese 50-Ohm-Last die Ausgangsspannung stark zurückgehen.

Trotz all dieser Tücken gibt es eine vorzeigbare Lösung (*Abb. 10.1*). Sie verknüpft minimalen Aufwand mit akzeptablen Daten. Der Trick besteht darin, den Sourcewiderstand am Ende des Kabels RG-58 anzuordnen. Damit liegt ein wellenwiderstandsrichtig abgeschlossenes Kabel vor, und die Sourceschaltung wird kapazitiv nicht belastet. Der Sourceanschluss „sieht" 50 Ohm reell. Dieser geringe Lastwiderstand lässt allerdings die Verstärkung auf 0,5 absinken – das ergab sich zumindest ziemlich genau mit mehreren SFETs vom Typ *BF 256C*. Man muss den C-Typ schon deshalb benutzen, damit der dann kräftige Drainstrom am Sourceanschluss einen akzeptablen Spannungsabfall hervorruft. Mindestens 1,5 V sollten es sein, damit der FET mit +/-1,5 V bzw. 1 V_{eff} Sinus verzerrungsfrei ausgesteuert werden kann. Da erhebliche Streuungen im Drainstrom auftreten können, kommt man kaum umhin, ein geeignetes Exemplar aus mehreren Typen auswählen.

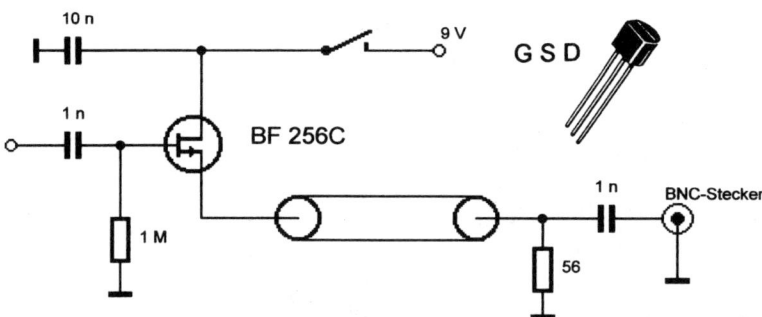

Abb. 10.1: Schaltung des Tastkopfs mit Sourcefolger

Die Schlichtheit dieser Anordnung bedeutet ein beeindruckendes Frequenzverhalten: Bis 100 MHz ist der Frequenzgang flach, die –3-dB-Grenzfrequenz darf bei 500 MHz vermutet werden. Voraussetzung ist ein reaktanzfreier Abschlusswiderstand.

Wenn es beim Nachbau ein Problem gibt, bezieht es sich wahrscheinlich auf das Gehäuse. Spezielle Tastkopfgehäuse sind rar geworden. Beim Muster wurde kurzerhand das Gehäuse einer Frequenzweiche aus „terrestrischen Zeiten" genutzt. *Abb. 10.2* zeigt das Innenleben, *Abb. 10.3* die Außenansicht, *Abb. 10.4* den 56-Ohm-Widerstand und den Koppelkondensator am Ende des Kabels vor dem Stecker. Diese Stelle wurde mit Heißkleber abgedichtet. Das Ganze ist eine „Bastlerlösung", die aber bis 50 MHz gut funktioniert. Ab dann nimmt die Ausgangsspannung aufgrund der Eigeninduktivität des simplen Widerstands zu. Die fachgerechtere Lösung würde in der Verwendung folgender Komponenten am Kabelende bestehen:

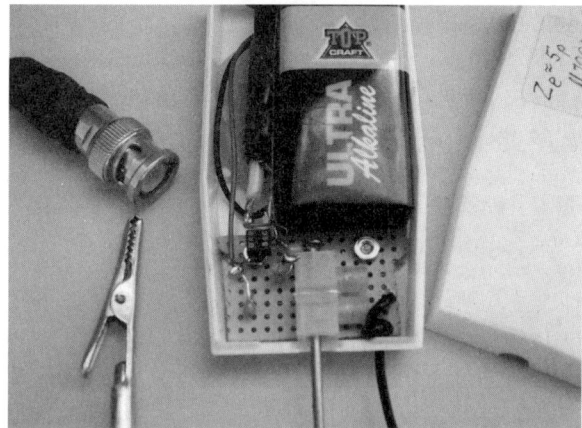

Abb. 10.2: Blick in den Tastkopf

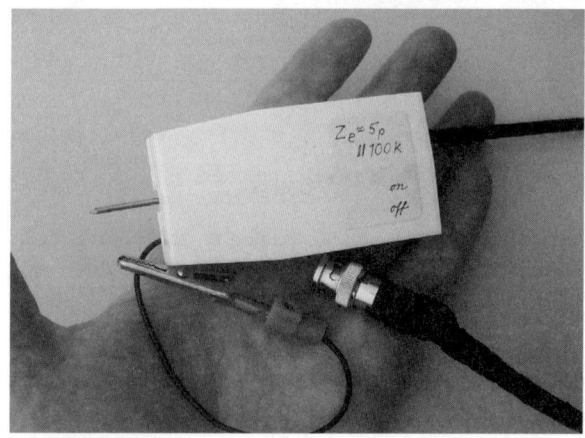

Abb. 10.3: Außenansicht des Tastkopfs

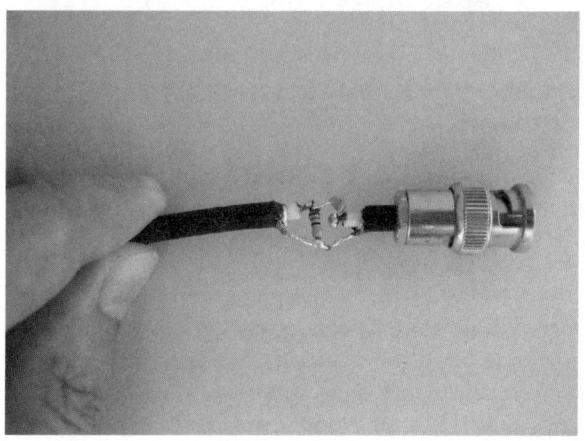

Abb. 10.4: Lastwiderstand und Koppelkondenstor vor dem Stecker

- BNC-T-Glied (1x Stecker, 2x Buchse)
- BNC-50-Ohm-Abschlusswiderstand

Abb. 10.5 zeigt die Komponenten am Scope-Eingang. Dabei stehen noch die 1,5 V DC an, aber jeder Scope-Eingang kann ja auf AC geschaltet werden.

Abb. 10.5: T-Koppler und BNC-Lastwiderstand 50 Ohm/1 GHz am Scope

Als Prüfspitze dient im einfachsten Fall ein Nagel. Das Koaxialkabel RG-58 gibt es in flexibler Ausführung. Es hat bei 100 MHz eine Dämpfung von 0,1 dB/m, kann also ohne Weiteres bis zu 80 cm lang sein.

Leicht könnte man hier das Ausschalten vergessen. Dieser Gefahr lässt sich auf zweierlei Art begegnen: Entweder man sieht eine zusätzliche LED zur Betriebsanzeige vor oder setzt statt des Kippschalters einen Taster ein, den man während des Messens bequem mit dem Daumen drücken kann. Nachfolgend noch einmal zusammengefasst die technischen Daten:

- Verstärkungsfaktor 0,5
- möglicher linearer Frequenzbereich 100 Hz bis 100 MHz
- maximale Eingangsspannung 1 V Sinus
- Stromverbrauch ca. 8 mA

10.2 Tastkopf mit zwei SFETs

Ein aktiver Tastkopf mit einer Verstärkung von 0,5 wirkt etwas kurios. Schaltet man der eben besprochenen Anordnung eine mit 2 verstärkende Stufe vor, sind Ein- und Ausgangsspannung gleich. In Sourceschaltung ist diese Verstärkung leicht zu erreichen. Hier ergibt sich die Spannungsverstärkung als Produkt von Steilheit und Lastwiderstand. Der BF 256 hat vorgespannt eine Steilheit von etwa 3,5 mS. Mit 680 Ohm Drainwiderstand beträgt die Spannungsverstärkung etwa 2,4 (siehe *Abb. 10.6*). Man kann einen 1-kOhm-Einstellwiderstand verwenden und damit die Gesamtverstärkung 1 exakt einstellen. Die C-Spezifikation muss man hier nicht zwingend benutzen, da der Sourcewiderstand nun unkritischer ist.

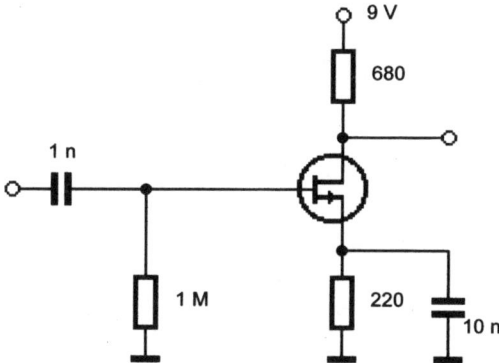

Abb. 10.6: Sourcestufe mit Spannungsverstärkung über 2

Der Hersteller gibt in seinem Datenblatt über die nun zu erwartende Eingangsimpedanz Auskunft: ohmscher Anteil bei 10 MHz etwa 430 kOhm und bei 100 MHz etwa 22 kOhm, kapazitiver Anteil frequenzunabhängig etwa 2,5 pF. Wer das SMD-Basteln nicht scheut, kann beispielsweise zum BF 545 greifen, der den BF 256 mit etwa 66 kOhm bei 100 MHz dreifach übertrumpft.

Der relativ hohe Drainwiderstand im Zusammenhang mit den Transistorkapazitäten bedeutet eine kräftige Einschränkung in Sachen Frequenzgang: Während die Drainstufe bis 100 MHz einen praktisch waagerechten Verlauf hat, liegt bei unserer Sourcestufe etwa bei dieser Marke der −3-dB-Punkt. Das bedeutet einen praktisch linearen Verlauf bis 20 MHz.

10.3 Tastköpfe mit SFET und Bipolartransistor

Die vorgehend geschilderten Probleme sind auch den Entwicklungsingenieuren von National Semiconductor bekannt. Ihre Lösungen zeigt *Abb. 10.7*. Die Spannungen an Drain und Source sind hier wegen der Gleichheit von Drain- und Sourcewiderstand ebenfalls gleich und zudem gleich der Eingangsspannung. Die Drainspannung hat nur 180 Grad Phasenversatz. Der pnp-Bipolartransistor wird nicht in Kollektorschaltung (Spannungsfolger) genutzt, denn am Emitter wird keine Spannung entnommen. Er bewirkt vielmehr eine Rückkopplung des SFETs, die zu einer geringen Eingangskapazität und einer hohen Bandbreite führt.

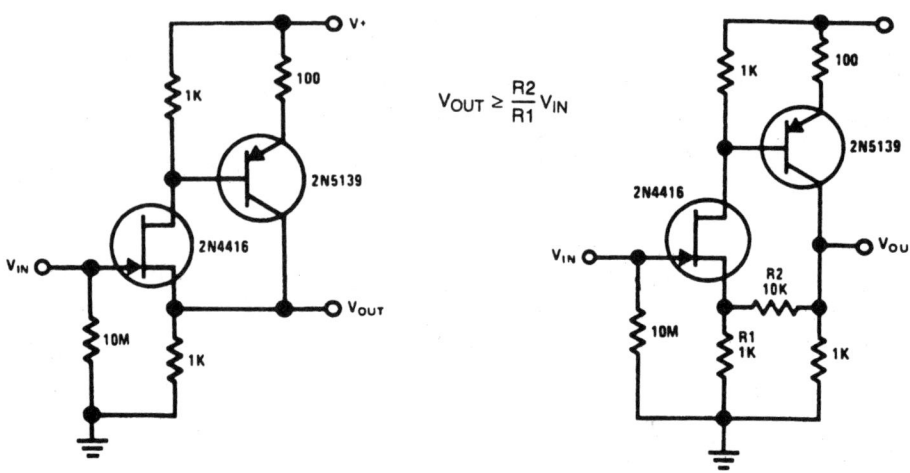

Abb. 10.7: Breitband-Pufferstufe (lins) und Breitbandverstärker (rechts) mit FET und Bipolartransistor

Mit einem BF 256C und den Widerständen laut Sourceschaltung (680 Ohm/220 Ohm) sowie einem BC 558B (150 MHz Transitfrequenz) ergaben sich in der Schaltung links folgende Daten:

- Spannungsverstärkung bei 1 MHz: 0,85
- −3-dB-Grenzfrequenz im Leerlauf: 38 MHz
- −3-dB-Grenzfrequenz mit 30 pF Lastkapazität: 22 MHz

Wie rechts vorgeschlagen, kann durch zwei zusätzliche Widerstände die Spannungsverstärkung auf 1 oder darüber angehoben werden. Mit steigender Spannungsverstärkung sinkt allerdings die Bandbreite. Mit einem 500-Ohm-Einstellwiderstand für R2 wurde die Schaltung praxisgerecht modifiziert:

- Spannungsverstärkung bei 1 MHz: 1
- −3-dB-Grenzfrequenz im Leerlauf: 35 MHz
- −3-dB-Grenzfrequenz mit 30 pF Lastkapazität: 20 MHz

Der SFET mit seinem weiten Drainstrom-Streubereich hat auch hier erheblichen Einfluss auf die Gleichspannungen an den Transistorelektroden (Arbeitspunkte).

11 Mehrkanalschalter-Vorsätze

Oft möchte man mehrere Signale gleichzeitig beobachten. So kann man beispielsweise die Phasenbeziehung zwischen beiden ergründen. Das USB-Standard-Scope bietet zwei Eingänge. Hat man ein Pen- oder Mini-Scope mit nur einem Eingang oder benötigt man mehr als zwei Kanäle, kann man einen Mehrkanalschalter-Vorsatz bauen. Hierbei gibt es Schaltungen mit eigenem Triggersignal (zur X-Ansteuerung des Scopes, *Abb. 11.1*) und Schaltungen ohne eigenes Triggersignal (nur Y-Ansteuerung).

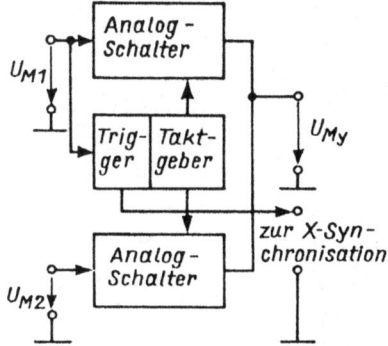

Abb. 11.1: Aufbauschema eines Zweikanalschalters mit Triggermöglichkeit

11.1 Grundsätzliche Hinweise zum Aufbau

Durch den Einsatz geeigneter ICs ergibt sich eine übersichtliche Schaltung. Man kann sich mit einer offenen Platine begnügen oder den Vorsatz als komplettes Gerät (mit Gehäuse) aufbauen.

Zur Stromversorgung eignet sich ein separates Steckernetzteil. Dadurch wird der eigentliche Mehrkanalschalter-Vorsatz recht klein, passt also gut zu einem USB-Scope. Außerdem geht man so allen Sorgen beim Umgang mit Netzspannung aus dem Weg. Je höher die Betriebsspannung ist, desto größer ist auch der „Darstellungsspielraum". Wir stellen uns zwei 1-V-Sinussignale und 5 V Betriebsspannung vor. Jedes Signal hat 2,8 V Spitze-Spitze. Eine Überschneidung ist unvermeidlich, denn der Aussteuerbereich liegt mit einfachen Bauelementen unter 5 V.

Bei Verwendung eines Plastikgehäuses müssen die Masseleitungen von den Eingangs-buchsen und der (den) Ausgangsbuchse(n) auf kürzestem Weg zu einem gemeinsamen Sternpunkt auf der Leiterplatte gezogen werden. Es handelt sich hier um Breitband-verstärker, auch wenn die Verstärkung gering ist. Es muss ein HF-technischer Aufbau angestrebt werden, damit keine Schwingerscheinungen auftreten.

11.2 Zweikanalschalter mit Operationsverstärkern

Für die Gestaltung des Eingangs eines Mehrkanalschalters bieten sich beispielsweise Video-Operationsverstärker oder sogenannte schnelle Operationsverstärker an. In *Abb. 11.2* ist das der betagte CA 3130. Über einige modernere Typen (Bezug: Reichelt) informiert die Tabelle auf Seite 101.

Es herrscht also kein Mangel an preiswerten und gut verfügbaren Operationsverstär-kern, die sich für die Impedanzwandlerstufen eines Mehrkanalschalters gut eignen. Von Vorteil sind natürlich Typen mit FET-Eingangsstufen, denn auch die Eingänge eines Mehrkanalschalters sollen hochohmig sein.

In der Schaltung bilden zwei Spannungsfolger die Eingangsstufen. Diese Einsverstär-kung bedeutet auch hohe Gefahr der Selbsterregung. Sollten die Stufen schwingen, muss man die Betriebsspannungsentkopplung überprüfen bzw. die Kompensationskonden-satoren im Wert erhöhen. Letzteres schränkt natürlich Bandbreite und Anstiegsge-schwindigkeit ein. Eine besonders hohe Betriebsspannung ist keineswegs erforderlich.

Mit den beiden Potenziometern überlagert man den Signalen eine Gleichspannung, da-mit man sie unabhängig voneinander auf dem Bildschirm hin- und herschieben kann.

Zwei Signale mit einem Kanal

Man sollte sich von einem Zweikanalschalter nicht allzu viel versprechen. Die Signalfrequenzen müssen gegenüber der Chopperfrequenz klein sein. Da für beide Signale nur eine vertikale und eine horizontale Auflösung möglich sind, sollten sich die Signale in Frequenz und Amplitude nicht wesentlich unterscheiden. Man ist gut beraten, im Audiobereich zu bleiben.

Im oberen Bild sehen wir die Darstellung eines Sinussignals 1 V/10 kHz und einer Gleichspannung bei 100 kHz Chopperfrequenz durch ein einfaches analoges Oszilloskop.

Der Screenshot unten zeigt die Darstellung der gleichen Signale durch ein USB-Scope. Hierbei werden auch die Spannungsänderungen in den Umschaltphasen deutlich aufgezeichnet. Die Darstellung ist stabiler als mit dem Analog-Scope, bei dem der Trigger-Steller feinfühlig optimiert werden musste.

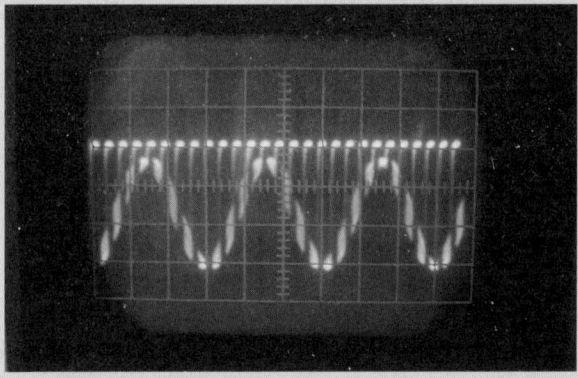

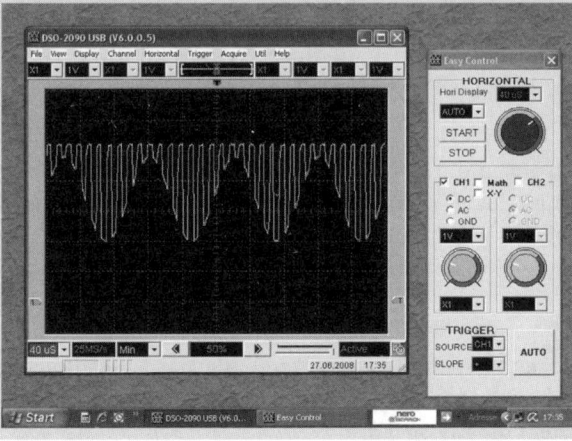

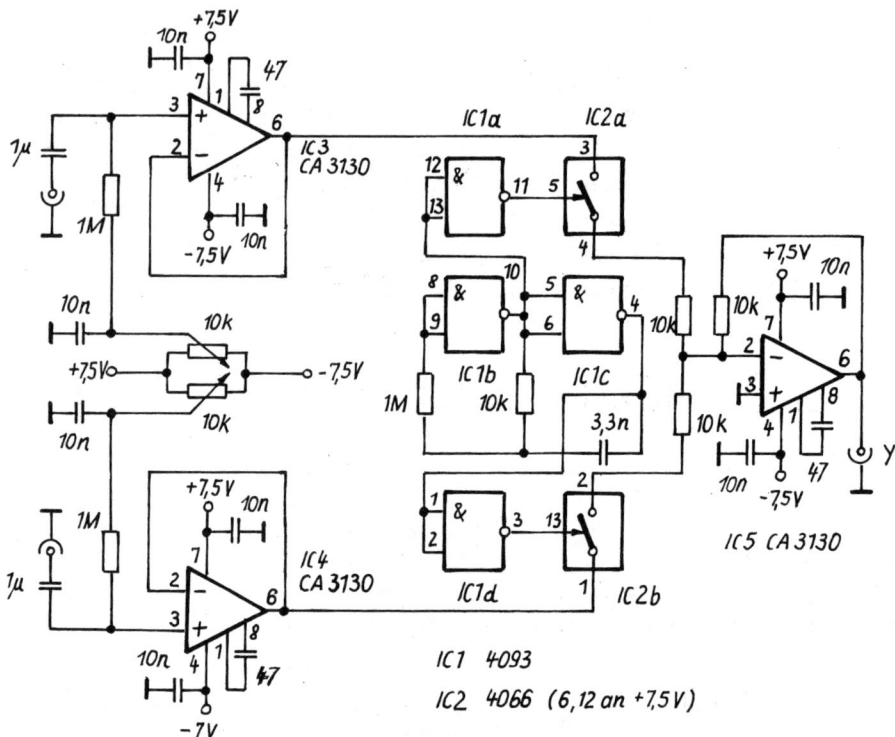

Abb. 11.2: Drei schnelle Operationsverstärker und zwei CMOS-Bausteine bilden die Grundlage für diesen Zweikanalvorsatz.

Der Taktgenerator arbeitet mit CMOS-Schmitt-Trigger-Gattern in bekannter Schaltung. Über je einen Inverter aus diesem Baustein werden die CMOS-Schalter angesteuert.

Die Eingänge der nicht benutzten Schalter sind an definierte Spannung zu legen. Die CMOS-ICs arbeiten ebenfalls mit +/-7,5 V. Ein Addierer fasst am Schluss die Teilsignale zusammen.

Man sollte diese Schaltung kompakt und unter Beachtung HF-technischer Gesichtspunkte aufbauen. Besonders empfiehlt es sich, die Bestückungsseite der Platine als Massefläche vorzusehen. Die anderen Verbindungen können leicht auch in freier Verdrahtung erfolgen, dass man trotzdem mit einer einseitig kaschierten Platine auskommt.

Das Splitten der einfachen Versorgungsspannung kann ein einfacher Operationsverstärker (741) übernehmen. Er arbeitet dazu als Spannungsfolger an einem ohmschen Spannungsteiler; sein Ausgang stellt die Masse dar.

Schnelle Operationsverstärker

Typ	Technologie	Transitfrequenz
AD 847	bipolar	typ. 50 MHz
CA 3130	BiFET	typ. 15 MHz
LT 1028	bipolar	min. 50 MHz
LT 1037	bipolar	typ. 25 MHz
LT 1128	bipolar	min. 13 MHz
MAX 452/3/4/5	bipolar	typ. 50 MHz

11.3 Zweikanalschalter mit SFET-Vorstufen

Der Zweikanalschalter nach *Abb. 11.3* tut als Oszilloskopvorsatz im Frequenzbereich von etwa 100 Hz bis 10 MHz gute Dienste. Dabei ist es gleichgültig, ob eine größere Digitalschaltung oder eine umfangreichere Analogapplikation untersucht werden soll. Der besondere Pfiff an dieser Schaltung ist die unkonventionelle Nutzung eines bekannten CMOS-Standardschaltkreises, wodurch das Ziel wohl mit nicht mehr zu unterbietendem Aufwand qualifiziert erreicht wird.

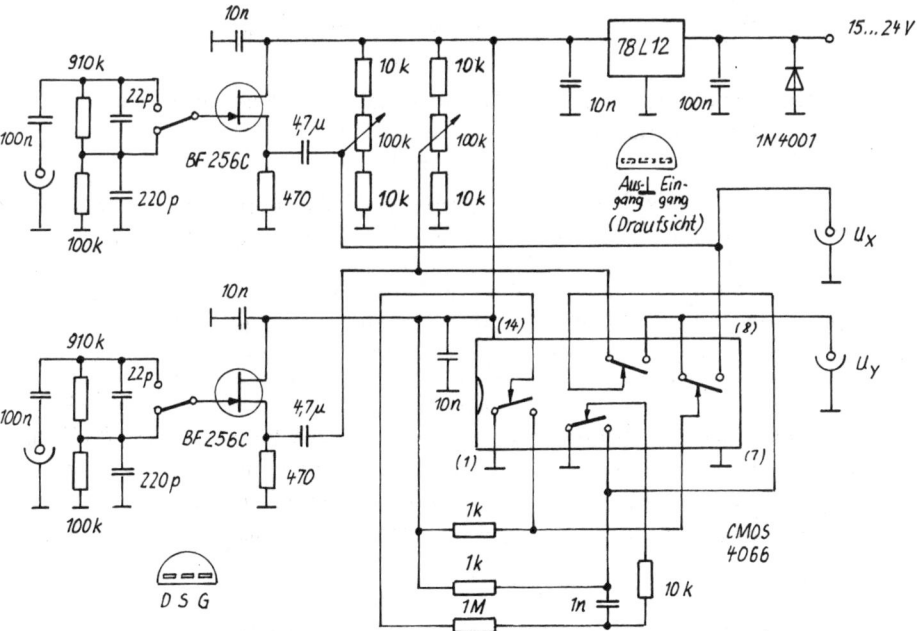

Abb. 11.3: Schaltung eines einfachen und praxisgerechten Zweikanalvorsatzes mit Anschlussbelegung der Transistoren bzw. des Stabi-ICs

Bei der Entwicklung dieses Zweikanalschalters hat sich gezeigt, dass mit einer einzigen Abtastfrequenz von etwa 50 kHz – der Wert ist relativ unkritisch – Signale bis über 10 MHz für die Praxis akzeptabel dargestellt werden können. Je nach Signalfrequenz rutscht man also quasi zwischen Chopper-Modus und alternierendem Betrieb hin und her. In jedem Fall erhält man ein stabiles Bild. Dies wird dadurch sichergestellt, dass das Oszilloskop auch von einem der Signale getriggert wird und nicht – wie sonst üblich – intern. In der Praxis wird man hierfür das Signal mit der niedrigeren Frequenz heranziehen, damit das andere Signal noch über mehr als eine Periode komplett abgebildet wird.

Die kleine Schaltung besteht neben der Betriebsspannungsstabilisierung aus zwei identischen Eingangsstufen, einem Taktgenerator und einem elektronischen Umschalter – beides realisiert mit dem preiswerten CMOS-IC 4066.

Mit den Eingangsstufen wird eine für Oszilloskope typische Eingangsimpedanz realisiert. Diese besteht in der Regel aus einem ohmschen Widerstand 1 MOhm und einer Parallelkapazität von 30 pF – und so ist es auch hier. Daher kann man mit dem Vorsatz so weiterarbeiten wie gewohnt. Besonders HF-Techniker werden diese Eigenschaft schätzen.

Mit einem Kippumschalter lässt sich die Empfindlichkeit auf 10 % herabsetzen. Auch dies ist ein wichtiges Feature, denn es müssen sich schließlich beide Signale den Betriebsspannungsbereich von 0 bis 12 V aufteilen. Bei großen Amplituden ist die Reduktion auf 1/10 daher besonders sinnvoll.

Die SFETs arbeiten in Drainschaltung. Der Sourcewiderstand ist so bemessen, dass bei Frequenzen bis 10 MHz die Verstärkung noch nicht deutlich unter 1 liegt. Dieser Zusatz dient schließlich nicht vordergründig zum Messen, sondern zum Feststellen der Kurvenformen und Phasenbeziehungen. Hierbei bieten die nachgeschalteten Potenziometer, mit denen man die Signale auf dem Bildschirm in vertikaler Richtung hin- und herschieben kann, eine gute Unterstützung. Man bringt die Kurvenzüge nicht nur in eine optimale Lage zueinander, sondern kann durch eine kurze Bewegung auch sofort feststellen, welches Signal zu welchem Eingang gehört.

Der Umschalttakt wird auf unkonventionelle Weise erzeugt: Zwei der vier im 4066 steckenden Analogschalter sind als Multivibrator beschaltet. Um dessen Funktion zu verstehen, muss man sich klarmachen, dass jeder Analogschalter mit seinem Steuereingang nichts weiter als einen Inverter mit Open-Collector-Ausgang darstellt, wenn man einen Schalteranschluss an Masse legt. Die beiden Widerstände 1 kOhm sind die Pull-up-Widerstände. Die Beschaltung mit den Widerständen 1 MOhm, 10 kOhm sowie mit dem Kondensator 1 nF erfolgte analog zu einem Multivibrator mit herkömmlichen Gattern. Der hochohmige Widerstand schützt den Steuereingang Pin 13, wenn durch das Umladen des Kondensators eine gegen Masse negative Spannung zustande kommt. Die beiden anderen Schalter im 4066 sind so miteinander verbunden, dass ein Umschalter entsteht. Voraussetzung für dessen korrekte Funktion ist allerdings eine

Phasenverschiebung von 180 Grad zwischen den beiden Steuerspannungen, was durch entsprechenden Anschluss an den Multivibrator sichergestellt wird.

Der Umschalter stellt abwechselnd die an den Schleifern der Potenziometer anstehenden Signale zum Y-Eingang durch. Ein 10-kOhm-Widerstand an Pin 9/10 gegen Masse verbessert die Funktion. Das Signal vom oberen Kanal wird auf den X-Eingang gegeben.

Die hohe Betriebsspannung von 12 V ist wichtig. Je geringer die Betriebsspannung ist, desto dichter müssen die Signale „übereinandergepackt" werden. Ein Stabi-IC erlaubt die Versorgung mit variabler Spannung, ohne dass dies den Betrieb beeinträchtigt. Die Diode dient als Verpolschutz.

Der Aufbau fällt auch Ungeübten leicht, zumal sich die einzelnen Schaltungsteile recht einfach testen lassen. Es ist die beste Lösung, den frequenzkompensierten Eingangsteiler direkt freitragend zwischen Eingangsbuchse und nahe daran montierten Umschalter zu löten. Hier sollten engtolerierte Bauelemente eingesetzt werden, damit die Spannungsreduzierung möglichst genau erfolgen kann. Die weiteren Schaltungsteile baut man am besten auf einem Stück Lochraster- oder Uni-Leiterplatte mit Einzellötaugen auf. Die Abblockkondensatoren sind besonders bei den SFETs sehr wichtig. Bei der Verdrahtung des CMOS-ICs sollte man sorgfältig vorgehen. Hier kann es wohl am leichtesten geschehen, dass man etwas verwechselt. Für eine gut leitende Masseverbindung innerhalb der gesamten Schaltung ist zu sorgen, sonst könnten sich unsaubere Signale auf dem Bildschirm zeigen. Die Stromversorgung erfolgt durch ein Steckernetzteil oder vom Labornetzteil aus.

11.4 Erweiterung auf vier Kanäle

Man kann jeden der beschriebenen Zweikanalschalter relativ einfach auf vier Kanäle erweitern. Dazu sei in *Abb. 11.4* lediglich die Ansteuerschaltung gezeigt. Der linke Teil genügt für die Operationsverstärkervariante. Entscheidet man sich für die SFET-Version, muss noch der Analogsignalschalter-IC 4066 hinzugefügt werden.

Eine Besonderheit bei der Takterzeugung ist der Anschluss des zeitbestimmenden Widerstands am Ausgang des Timers. Das erspart hier einen weiteren Widerstand. Die Frequenz lässt sich mit einem entsprechenden Kippschalter dekadisch herauf- bzw. herabschalten. Werteoptimierungen bei R oder C können sich je nach Anwendungsfall als sinnvoll erweisen.

Die Ausgänge des dekadischen Johnson-Zählers nehmen in der angegebenen Reihenfolge ein hohes Potenzial ein. Damit können die Analogschalter in entsprechender Reihenfolge durchgeschaltet werden. Verbindet man beim 4017 Pin 9 und Pin 15, werden acht Ausgänge aktiviert (zusätzlich Pin 10, 1, 5 und 6 in dieser Reihenfolge), sodass man einen zweiten IC 4066 und somit acht Kanäle vorsehen kann.

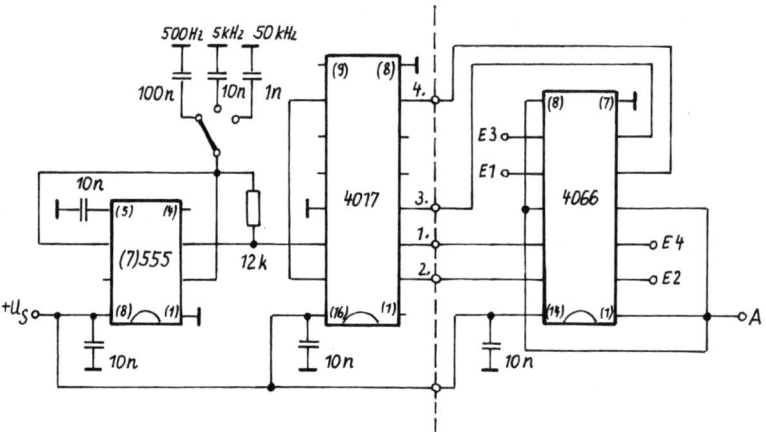

Abb. 11.4: Praxisgerecht dargestellte Ansteuerschaltung für vier Kanäle

11.5 Multikanalschalter mit CMOS-Logik-ICs

Während die Zweikanalschalter auch zur Verarbeitung von Hochfrequenzsignalen taugten, hat die Schaltung dieses Vorsatzes (*Abb. 11.5*) einen Frequenzbereich von 0 bis etwa 100 kHz. Sie eignet sich daher gut zur Darstellung relativ langsam ablaufender logischer Vorgänge.

IC 1 ist der Taktoszillator. Bei diesem Schaltungsteil muss man daran denken, die nicht benutzten Eingangspins auf definiertes Potenzial zu legen. Mit dem Umschalter kann man zwischen Chopper- und Alternate-Betrieb wählen. Per Potenziometer kann eine Frequenzverstellung erfolgen. Bei IC 2 handelt es sich um einen synchronen programmierbaren Vor-/Rückwärts-Dezimalzähler. Mit dem Umschalter kann man zwischen Ein-, Zwei-, Vier- oder Achtkanalbetrieb wählen – ein nützliches Feature.

IC 3 und 4 sind Achtkanal-Analogmultiplexer bzw. -demultiplexer und daher für den vorgesehenen Zweck wie geschaffen. Die logischen Pegel an den Steuereingängen 9, 10 und 11 bestimmen, welcher Kanal gerade leitend ist. Sieben Kanäle befinden sich stets im hochohmigen Zustand (aus). Unabhängig von den Spannungen an den drei Steuereingängen können über Pin 6 alle Kanäle in den Sperrzustand gebracht werden (Freigabeeingang).

Mit dem Drehumschalter oben lässt sich jeder beliebige Eingangskanal zum Triggern heranziehen. Braucht man diese Option nicht, verbindet man den Eingangskondensator fest mit Kanal 1. Das Potenziometer rechts dient zum Einstellen des Abstands zwischen den einzelnen Kanälen. Das ist eine intelligente Lösung, denn so spart man sich eine Vielzahl einzelner Potis. Hieran sieht man auch, dass diese Schaltung für in der Regel gleich große Logiksignale entwickelt wurde.

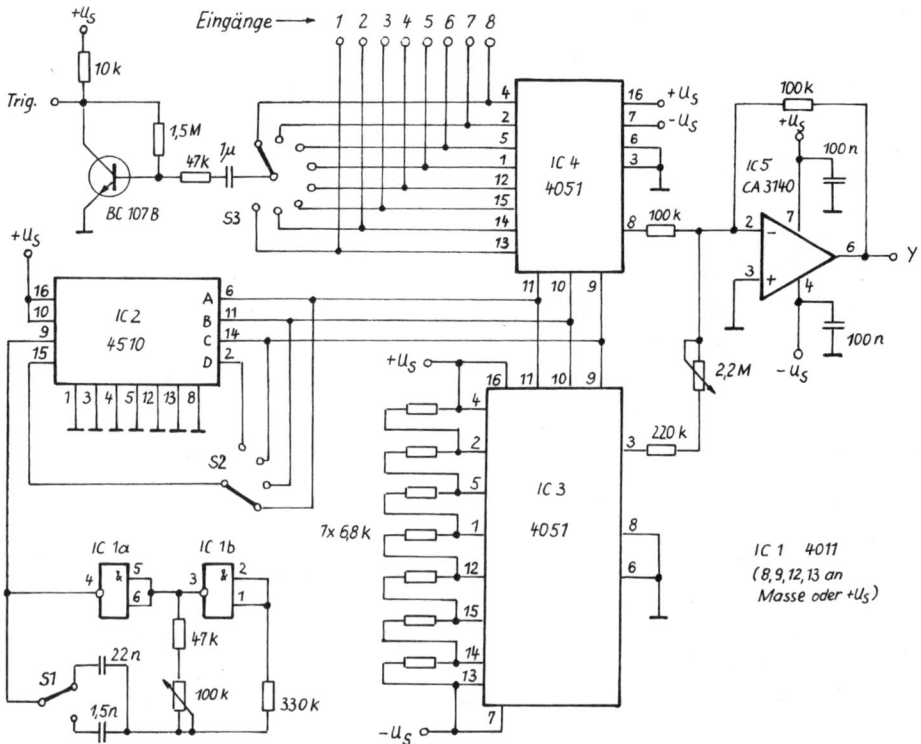

Abb. 11.5: Schaltung des Mehrkanalschalters für maximal acht Kanäle

Ein invertierender Operationsverstärker koppelt das Signal aus. Dieser BiMOS-Typ ist ebenso preisgünstig wie leistungsfähig. Er zeichnet sich u. a. durch einen kurzschlussfesten Ausgang aus. Die Slew Rate wird mit 9 V/µs, die Transitfrequenz mit 4,5 MHz angegeben. Ähnliche Operationsverstärker kann man bedenkenlos einsetzen.

Da auch CMOS-Multiplexer Videosignale verarbeiten können, darf praktisch mit einem deutlich höheren Übertragungsfrequenzbereich gerechnet werden, als in der Originalquelle (elrad 12/1983) angegeben.

In den *Abbildungen 11.6, 11.7* und *11.8* sind die Anschlussbelegungen der ICs dargestellt. Eine solche Schaltung kann günstig auf einer Lötrasterplatine aufgebaut werden. Das Abblocken der CMOS-ICs ist unbedingt zu empfehlen. Die Betriebsspannung beträgt nominell +/-6 V und sollte zum Schutz der CMOS-ICs +/-7,5 V nicht überschreiten.

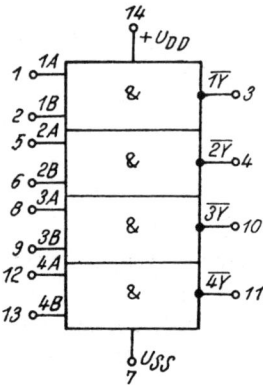

Abb. 11.6: Anschlussbelegung des CMOS-ICs 4011

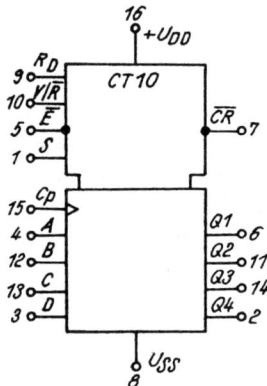

Abb. 11.7: Anschlussbelegung des ICs 4510

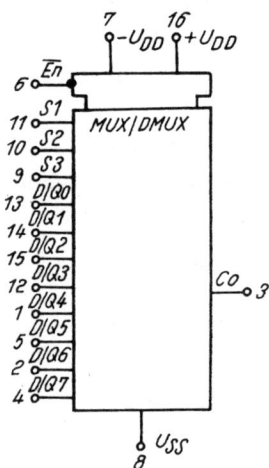

Abb. 11.8: Anschlussbelegung beim Wandler-IC 4051

12 Wobbeln mit dem USB-Scope

Der Abgleich von Filtern oder Geräten mit Filtern ist dann zeitraubend, wenn man mit einem Signalgenerator sozusagen Punkt für Punkt vorgehen muss. Beim sogenannten Wobbeln wird die Frequenz automatisch geändert und dadurch die Filterkurve grafisch dargestellt. Ein USB-Scope kann relativ leicht zum Wobbelmessplatz erweitert werden.

12.1 Wobbler: Grundtypen und Grundfunktion

Man unterscheidet beim Wobbeln zwischen *linearer* und *logarithmischer* Frequenzänderung. Im ersten Fall steigt die Frequenz linear mit der Zeit, im zweiten logarithmisch, also immer schneller, bis zu einem Maximalwert. Beim linearen Wobbler ist der Frequenzbereich relativ klein, sonst könnte man am Ende des Bereichs nicht mehr genau ablesen. Man kann aber die Teilung des Scope-Schirms gut ausnutzen. Beim logarithmischen Wobbler kann man nicht sofort von der Teilung auf die Frequenz schließen, dafür ist es aber möglich, einen großen Frequenzbereich abzudecken, wobei die Ablesegenauigkeit gewissermaßen gleich verteilt ist.

Weiter kann man zwischen Ansteuerung mit Sägezahn- oder Dreieckspannung unterscheiden. Im ersten Fall fällt die Frequenz schlagartig vom Maximalwert auf den Minimalwert zurück. Im zweiten wird sie gewissermaßen spiegelbildlich zum Anstieg auf den Minimalwert zurückgebracht. Die Sägezahnansteuerung hat gegenüber der Dreieckansteuerung Vorteile. Deshalb hat sich das Sägezahnsignal auch in der analogen Fernsehtechnik und beim analogen Oszilloskop durchgesetzt.

Der Wobbelgenerator kann mit einem VCO-IC (voltage-controlled oscillator – spannungsgesteuerter Oszillator) oder mit diskreten Bauteilen aufgebaut sein. Im ersten Fall ist die obere Eckfrequenz meist relativ gering, im zweiten hoch (über 1 MHz, z. B. 10 MHz).

Da VCO-ICs meist einen linearen Zusammenhang zwischen Steuerspannung und Frequenz aufweisen, treffen wir sie vorzugsweise in linearen Wobblern. Das Triggern des Oszilloskops kann, muss aber nicht vom Sägezahngenerator des Wobblers aus erfolgen. Oft gelingt eine gute Darstellung mit der internen Triggermöglichkeit des Scopes.

12.2 Darstellungsmöglichkeiten

Beim Wobbeln hat man zwei Darstellungsmöglichkeiten: *Hüllkurven-* und *Frequenzgangdarstellung.*

Die Frequenzgangdarstellung ist besser, wie aus *Abb. 12.1* klar ersichtlich, erfordert aber einen Demodulator (*Abb. 12.2*). Bei der Hüllkurvendarstellung (*Abb. 12.3*) fehlt der Bezug auf eine Nulllinie (die Darstellung erfolgt horizontal symmetrisch), außerdem stört die Wobbelfrequenz. Dennoch kommt man damit beim Abgleich gut zurecht. In *Abb. 12.4* sind zwei Hüllkurvendarstellungen gezeigt. Zur Frequenzgangdarstellung muss man nicht unbedingt einen Demodulatortastkopf anschaffen, sondern kann einen einfachen Diodengleichrichter an den Ausgang des Messobjekts löten. Das Scope benötigt nun nur noch eine sehr geringe Bandbreite. Sie wird nur von der Wobbelfrequenz (Frequenz des Sägezahngenerators) bestimmt. Diese liegt für HF-Anwendungen bei ungefähr 100 Hz. Bei NF-Anwendungen wird es kritisch, denn die Wobbelfrequenz muss immer kleiner als die kleinste Messfrequenz sein. Wenige Hertz zum Preis eines instabilen Bilds sind zu wählen.

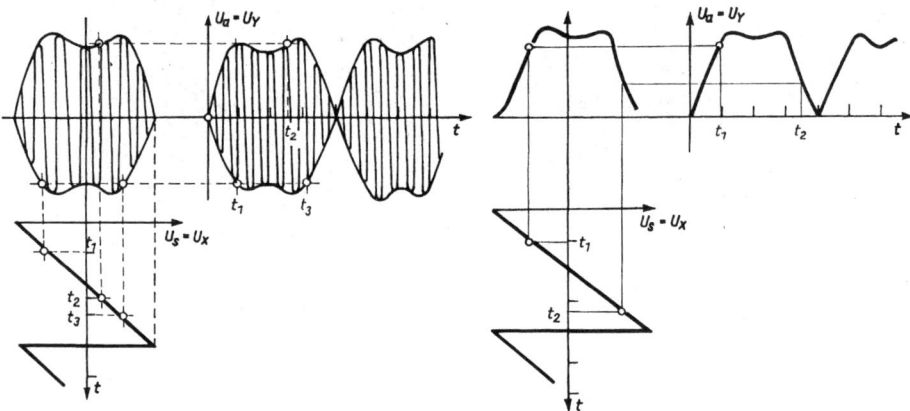

Abb. 12.1: Die beiden möglichen Darstellungsarten: links Hüllkurven-, rechts Frequenzgangdarstellung

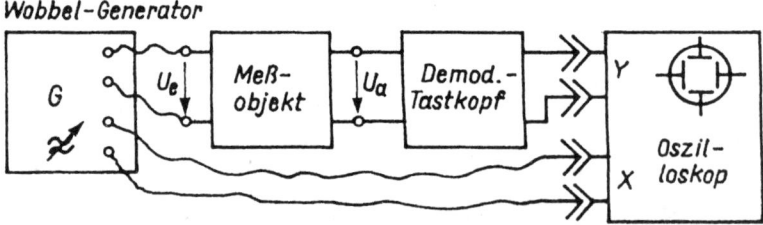

Abb. 12.2: Bei Frequenzgangdarstellung erfolgt der Anschluss über einen AM-Demodulator.

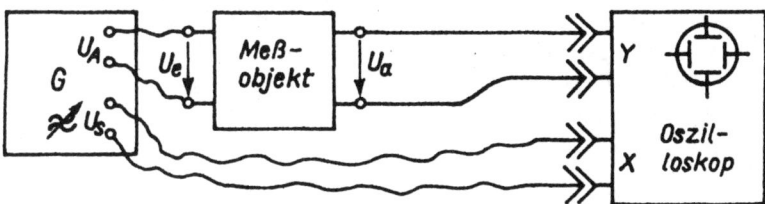

Abb. 12.3: Bei der Hüllkurvendarstellung erfolgt ein direkter Anschluss.

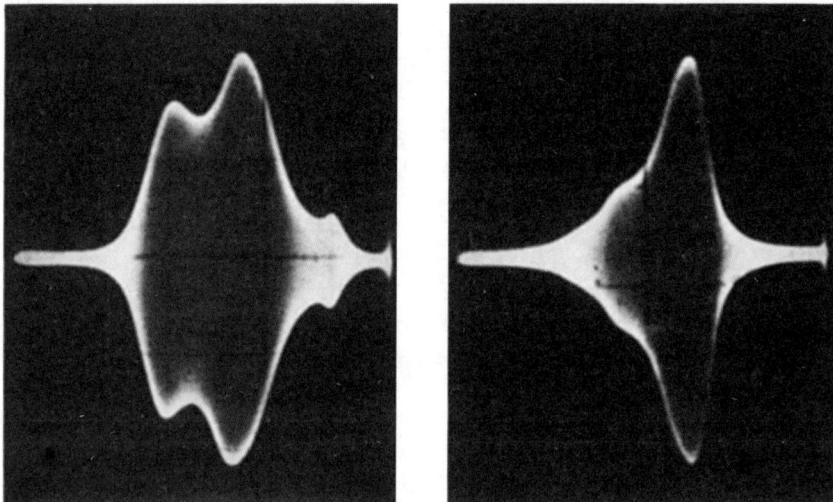

Abb. 12.4: Filterkurve ohne Korrektur (links) und nach Korrektur (rechts) in Hüllkurvendarstellung

Ein nützliches Feature ist ein Frequenzmarkengenerator. Man kann damit bei Filtern die gewünschte Mittenfrequenz markieren und sich somit den Abgleich wesentlich erleichtern.

Merke: Je schmalbandiger ein Filter ist, desto geringer sollte die Wobbelfrequenz sein, um Verfälschungen durch Resonanzerscheinungen zu unterbinden.

12.3 Begriffe der Wobbelmesstechnik

Wobbelgenerator

Ein Wobbelgenerator ist ein mit einer Sägezahn- oder Dreieckspannung frequenzmodulierter Sinusgenerator für Messzwecke. Dabei können die minimale und die maximale sowie die Wobbelfrequenz oft weitläufig eingestellt werden. Darüber hinaus bestehen noch andere Einstellmöglichkeiten. Ein Wobbelgenerator kann eigenständig oder in einen Wobbler integriert sein. Der Bastler oder Funkamateur benutzt aus Kostengründen selbst gebaute Scope-Vorsätze.

Sweep-Generator

So bezeichnet man den Sägezahn- oder Dreieckgenerator. *Sweep* heißt u. a. „Schwung".

Wobbler

Ein Wobbler besteht aus einer Wobbelgenerator- und einer Oszilloskopeinheit. Das Ausgangssignal des Wobbelgenerators durchläuft periodisch einen vorgegebenen Frequenzbereich bei konstanter Amplitude. Es wird an den Eingang des zu untersuchenden Vierpols gelegt. Dessen Ausgangssignal steuert den Y-Verstärker der Oszilloskopeinheit, während die X-Ablenkung mit dem Beginn jeder neuen Wobbelperiode getriggert wird. Auf diese Weise entsteht auf dem Bildschirm eine Darstellung des Amplitudengangs.

Wobbeln

Das Arbeiten mit einem Wobbler oder einem Wobbelgenerator und einem Oszilloskop wird als *Wobbeln* bezeichnet. Der Elektronikamateur wobbelt, ebenso wie der Profi, oft Filterkurven, um Filter zu optimieren. Man kann aber auch messtechnisch an Verstärkern oder Empfängern wobbeln.

wobble

Dieses englische Verb bedeutet „schwanken", „wackeln", „zittern". Damit ist bei der Wobbelmesstechnik das definierte Schwanken der Frequenz gemeint.

Eckfrequenz

So bezeichnet man minimale und maximale Frequenz beim Wobbeln.

Mittenfrequenz

Die Mittenfrequenz ergibt sich aus der Wurzel des Produkts der Eckfrequenzen. (Beispiel: untere Eckfrequenz 1,5 MHz, obere Eckfrequenz 4 MHz, Produkt 6 MHz², Wurzel daraus 2,45 MHz, Probe: 2,45 MHz / 1,5 MHz = 4 MHz / 2,45 MHz = 1,63)

Wobbelfrequenz

So bezeichnet man die Frequenz des Sägezahn- oder Dreieckgenerators (Sweep-Generators). Üblich sind Werte zwischen 50 und 500 Hz.

Marker

Der Frequenzmarker ist eine wichtige Hilfe, besonders beim Abgleich schmaler Filter.

12.4   Besonderheit beim USB-Scope

Beim Analogoszilloskop ist eine Ausgangsbuchse, an der die intern erzeugte Sägezahn-spannung gepuffert zur Verfügung steht, keine Seltenheit. Man kann einen Selbstbau-Wobbelvorsatz darauf abstimmen, sich den Sägezahngenerator also sparen. Das be-deutet auch absolute Sicherheit des korrekten Triggerns.

Beim USB-Scope gibt es keinen internen Sägezahngenerator. Somit muss jeder Wob-belzusatz für ein solches Oszilloskop einen Sägezahngenerator besitzen. Man sieht da-her auch immer einen Sägezahnausgang zur Triggerung des Scopes über den X-Ein-gang vor (externes Triggern).

Tipps zum Einsatz von Wobbelgeneratoren

- Eine Frequenzmarke lässt sich einfügen, indem man das Ausgangssignal der zu untersuchenden Schaltung vor dem üblichen Demodulator mit der gewünsch-ten Frequenz mischt. Auf einen möglichst kleinen Pegel dieser Markerfrequenz ist zu achten. Bei der Differenzfrequenz null entstehen dann Schwingungen auf der Liniendarstellung. Dieser Schwingungszug fällt umso schmaler aus, je nied-riger die Zeitkonstante des RC-Glieds ist.
- Beim Abgleich von Spulenfiltern sollte man passendes Abgleichbesteck verwen-den. Die Kerne sind mitunter mechanisch sehr empfindlich.
- Die Bildbreite sollte nicht größer als die Schirmbreite eingestellt werden. Falls möglich, wählt man die Wobbelbreite so, dass nur der interessierende Frequenz-bereich (beispielsweise Filterdurchlassbereich) erfasst wird.
- Eine abgeflachte Durchlasskurve bei Untersuchungen an einem Empfänger kann durch zu hohe Wobbel- oder falsche AGC-Spannung entstehen. Man muss für eine stabile ACG-Spannung sorgen, indem man diese von außen zuführt. Ein Blick in die Unterlagen des Geräts kann helfen, dieses Problem in den Griff zu bekommen.
- Besitzt das Oszilloskop die Möglichkeit der Triggerung mit Netzfrequenz (Line-Einstellung), kann man daran denken, den Wobbelgenerator ähnlich zu trig-gern und spart dann eine Verbindung zum Oszilloskop.
- Falls die Durchlasskurve von rechts nach links geschrieben wird, dreht man den Netzstecker von Scope oder Generator um 180 Grad.

13 Schaltungen für Wobbelzusätze

Ein Wobbler ist also im Prinzip ein Messgenerator, der einen vorgegebenen Frequenzbereich kontinuierlich durchläuft. Durch das periodische Wiederholen des linearen oder logarithmischen Durchlaufs lässt sich die Übertragungskurve des Messobjekts auf dem Schirm eines Oszilloskops darstellen.

13.1 Audiofilter-Wobbler

Die in *Abb. 13.1* gezeigte Schaltung aus Popular Electronics (October 1990) bedient sich zweier gleicher VCO-ICs zur Erzeugung von Wobbel- und Signalfrequenz. Hierbei handelt es sich um den Typ *NE/LM 566* im achtpoligen DIL-Gehäuse (*Abb. 13.2*). Die zeitbestimmende RC-Kombination wird an Pin 6 und 7 angeschlossen. Die Steuerspannung legt man an Anschluss 5. In Form von Pin 3 und 4 stehen zwei Ausgänge zur Verfügung.

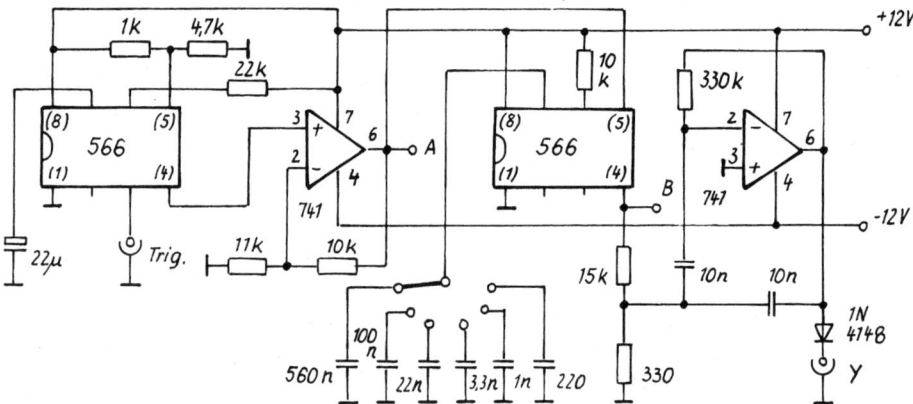

Abb. 13.1: Dieser Wobbler wurde speziell für die Untersuchung von Audiofiltern entwickelt.

Im linken 566 wird die Wobbelspannung erzeugt. Alle unmittelbar angeschalteten passiven Bauelemente üben Einfluss darauf aus, sodass man sie leicht auch einstellbar machen kann. Die Dreieckspannung aus Pin 4 wird vom folgenden Operationsverstärker leicht angehoben und so eine optimale Amplitude für die Ansteuerung des zweiten VCOs erzeugt. Mit dem Rechtecksignal aus Pin 3 wird das Oszilloskop getriggert. Man muss es also auf externen Triggerbetrieb schalten.

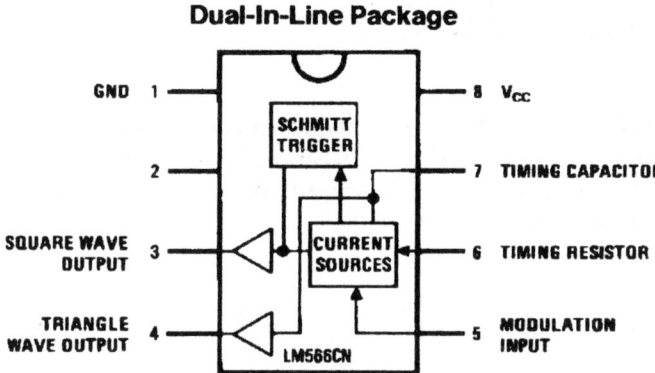

Abb. 13.2: Innenaufbau des NE/LM 566

Beim mit höherer Frequenz arbeitenden rechten VCO wird nur die Dreieckspannung genutzt, da sie einem Sinus mehr ähnelt als ein Rechteck. Mit dem Drehschalter können verschiedene Frequenzbereiche eingestellt werden. Die entsprechenden Frequenzen lassen sich leicht messen, wenn man Pin 5 an eine im Bereich der Operationsverstärker-Ausgangsspannung einstellbare Spannung legt.

Der folgende Operationsverstärker wurde als Bandpass beschaltet und nur als Beispielfilter eingefügt. Die Diode in der Ausgangsleitung verbessert die Bilddarstellung (Glockenkurve). Man kann auf diese Funktionseinheit verzichten und gleich die Dreieckspannung von Punkt B auf den Y-Ausgang leiten.

Für den praktischen Betrieb sollte man die Zeitbasiseinstellung auf 50 ms/cm und die Empfindlichkeit auf 2 V/cm stellen. Verbindet man zunächst neben dem Triggereingang den Y-Eingang mit der Schaltung, und zwar mit Punkt A, muss eine diagonale Linie auf dem Bildschirm erscheinen. Dazu ist DC-Kopplung am Eingang erforderlich. Nun kann man den Triggerpegel so optimieren, dass diese Linie genau von links oben nach rechts unten verläuft. Danach kann man auf den Filterausgang umschalten und sich den Frequenzverlauf ansehen.

Da diese Schaltung relativ wenige passive Bauelemente benötigt, lässt sie sich leicht auf einer Lochrasterplatine aufbauen. Die kleinen frequenzbestimmenden Kondensatoren platziert man direkt am Umschalter. Die Versorgung erfolgt von einem Labornetzteil aus. Ein Verpolschutz sollte zusätzlich vorgesehen werden.

13.2 Vielseitiger NF-Wobbler

Für die Wobbelei im Audiobereich bietet sich z. B. der Schaltkreis *XR 2206* an. Dieser findet sich heute in fast jedem einfachen NF-Funktionsgenerator wieder und lässt sich auch leicht als linearer VCO betreiben. Wegen der linearen Steuerkennlinie teilt man selbst den NF-Bereich noch in mehrere Teilbereiche auf und kann somit bequem und genau ablesen.

Die Schaltung des Wobblers (*Abb. 13.3*) bedarf eigentlich kaum einer Erklärung. Die Operationsverstärker und der Funktionsgenerator erhalten stabilisierte Betriebsspannungen von +12 V und −15 V. Diese Ungleichheit resultiert aus dem überwiegend negativen Steuerspannungsbereich des XR 2206 (*Abb. 13.4*) für eine lineare Arbeitsweise.

Die vier Operationsverstärker des TL 084 bilden einen Dreieckgenerator, dessen Frequenz mit P2 zwischen 1 Hz und 50 Hz einstellbar ist. Die durch Spannungsteilerwiderstände erzeugten Vorspannungen zu beiden Seiten des Potenziometers P1 (etwa +2,55 V und −12,25 V) sind identisch mit den Spitzewerten der erzeugten Dreieckspannung. In diesem Spannungsbereich lässt sich der XR 2206 problemlos linear steuern. Mit dem einfachen Umschalter kann man von Wobbel- auf einstellbaren Festfrequenzbetrieb umschalten. Möchte man auf diese Option verzichten, lässt sich auch der Operationsverstärker links unten einsparen, der nur zur Impedanzwandlung im Festfrequenzbetrieb dient.

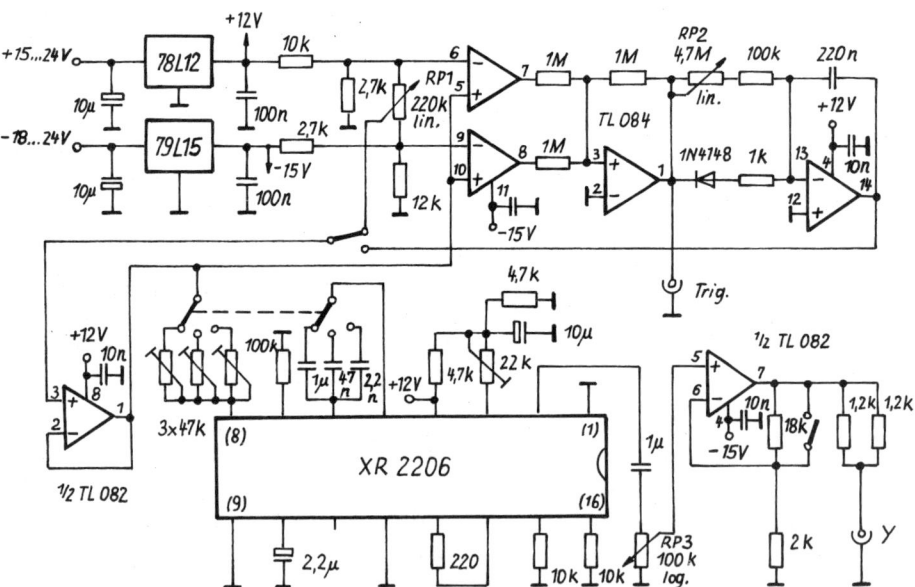

Abb. 13.3: Schaltung des vielseitigen NF-Wobblers mit drei Bereichen

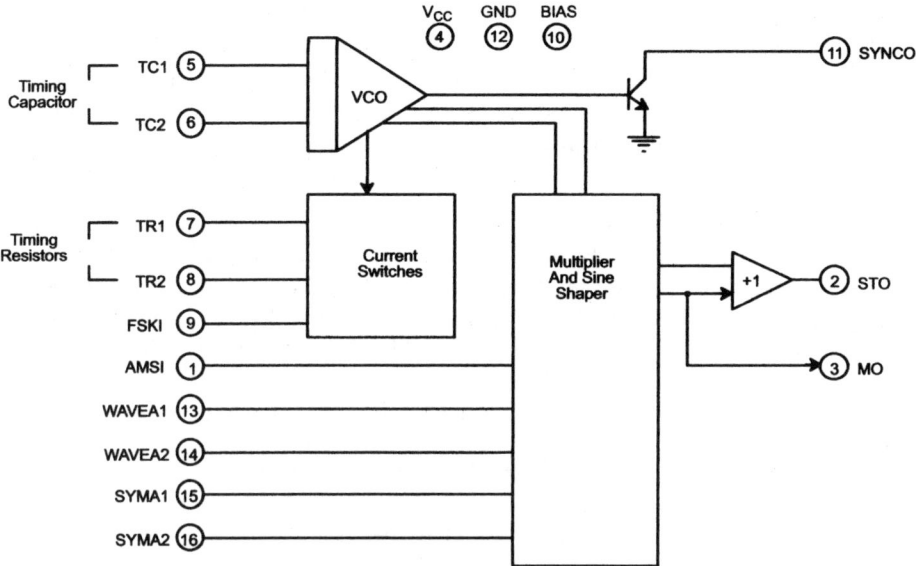

Abb. 13.4: Das Blockschema des XR 2206

Mit dem doppelten Stufenschalter lassen sich drei Frequenzbereiche wählen:

- 10 bis 250 Hz
- 0,2 bis 5 kHz
- 4 bis 100 kHz

Hier geht es immerhin über fünf Dekaden. Mit den Einstellreglern erfolgt die Justage. Die Bereiche selbst wurden mit Rücksicht auf die übliche horizontale Zehnerteilung bei Scope-Bildschirmen so gewählt. Im ersten Bereich erhält man also beispielsweise 25 Hz/cm, wobei nur ein schmaler Bereich links (4 %) nicht benutzt wird.

Zur Verbesserung der Sinusform wurde der Rechteckausgang (Pin 9) auf Masse gelegt. Aus den praktischen Erfahrungen mit diesem IC heraus wurde auf eine Justagemöglichkeit für den Klirrfaktor verzichtet. Demgegenüber lässt sich die Ausgangsspannung des ICs mit dem Einstellregler an Pin 3 auf genau 1 V einstellen. Mit P3 kann sie reduziert werden.

Ist der Schalter am folgenden Operationsverstärker offen, dämpft dieser um 20 dB, sodass maximal nur 100 mV erhalten werden – auch eine eventuell verzichtbare Möglichkeit. Die beiden Widerstände im Ausgang sorgen zwar für den in der NF-Messtechnik üblichen Ausgangswiderstand von 600 Ohm, können aber ebenfalls eingespart werden, denn niederohmige Ansteuerung bedeutet keinen Nachteil. Dieses Signal wird dem Y-Verstärker zugeführt. Das Rechtecksignal vor dem Integrator hingegen wird an den Trigger-Eingang des Oszilloskops gelegt.

Es versteht sich von selbst, dass die Wobbelfrequenz immer deutlich kleiner als die niedrigste Bereichsfrequenz zu wählen ist. Daraus ergibt sich für den ersten Bereich ein nicht mehr exakt stehendes Bild. Denn 4 bis 5 Hz Wobbelfrequenz erweisen sich hier als optimal. Aus diesem Grund erfolgt auch keine Gleichrichtung. Trotzdem geht bei der Darstellung keine Information verloren. In den anderen Bereichen kann man mit 30 bis 50 Hz wobbeln.

Es dürfte nicht besonders schwierig sein, auch diese schon etwas umfangreichere Schaltung auf einer Universalplatine aufzubauen. Vereinfachungen sind ja möglich. Ein ordnungsgemäß montierter und netzseitig vorschriftsmäßig angeschlossener Printtrafo 12 V/1,5 VA kann die Versorgung übernehmen, wobei Einweggleichrichtung genügt.

13.3 Wobbelzusatz für keramische Filter

Die Schaltung nach *Abb. 13.5* (Quelle: Le Haut-Parleur, Nr. 1570) nutzt die Dreieckspannung eines vorhandenen Funktionsgenerators (2 bis 30 Hz). Mit dem Einstellregler links ist die Mittenfrequenz der Oszillatorschaltung zwischen 430 und 500 kHz einstellbar.

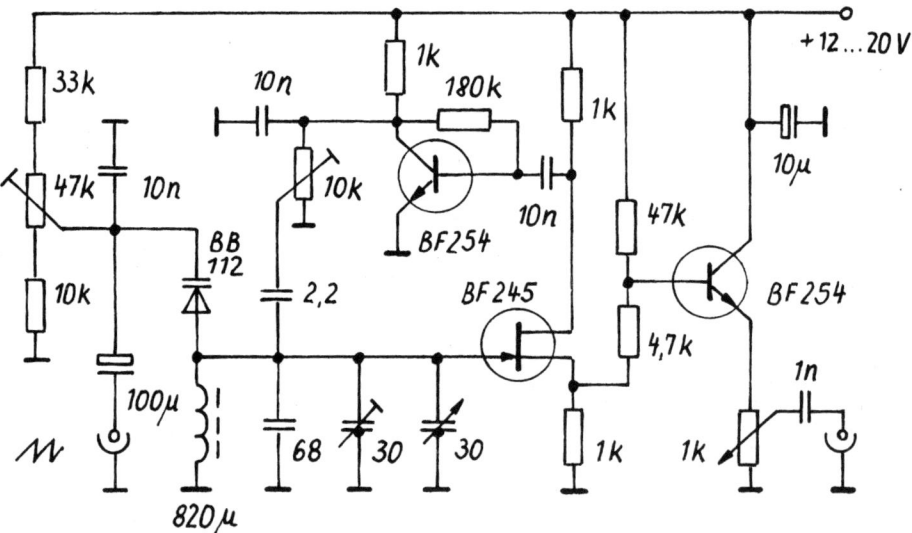

Abb. 13.5: Schaltung des Wobbelzusatzes für keramische ZF-Filter

Der Oszillator wird mit einem Bipolartransistor und einem SFET realisiert. Der Kreis muss nicht angezapft werden. Die Rückkopplung erfolgt über den kleinen Kondensator 2,2 pF und ist mit dem zweiten Einstellwiderstand optimierbar. Kurz über dem Schwingeinsatz liegt der richtige Justagepunkt.

Dem zweistufigen Oszillator folgt eine Pufferstufe in Kollektorschaltung. Die Ausgangsamplitude lässt sich mit einem Potenziometer variieren.

Diese Schaltung lässt sich leicht auf einem Stück Universalplatine aufbauen. Wegen des SFETs sollte die Betriebsspannung nicht zu gering sein. Um die Induktivität herzustellen, wurden vom Entwickler ca. 90 Windungen (Wdg.) in einem Ferritschalenkern mit einem A_L-Wert von 100 nH/Wdg. untergebracht. Günstiger ist die Verwendung einer handelsüblichen Festinduktivität.

Zur Frequenzmodulation wurde die Kapazitätsdiode BA 163 benutzt. Dafür gilt das Diagramm in *Abb. 13.6*. Ähnliche Dioden sind bedenkenlos einsetzbar. Auch dann sollte ein linearer Verlauf mit 50 bis 100 kHz/V möglich sein.

Bei Darstellung der Resonanzkurve mit dem Scope wird die genaue Deckung der aufeinanderfolgenden Oszillogramme nur erreicht, wenn der Horizontalverstärker keinen Phasenfehler aufweist und die Wobbelperiode gegenüber der Zeitkonstanten des untersuchten Filters groß ist. Bei Resonanzkurvendarstellungen an steilflankigen Filtern muss deshalb mit Frequenzen von wenigen Hertz gearbeitet werden. Wenn nur Durchläufe steigender oder fallender Frequenz dargestellt werden sollen, triggert man die Zeitbasis mit dem Wobbelsignal.

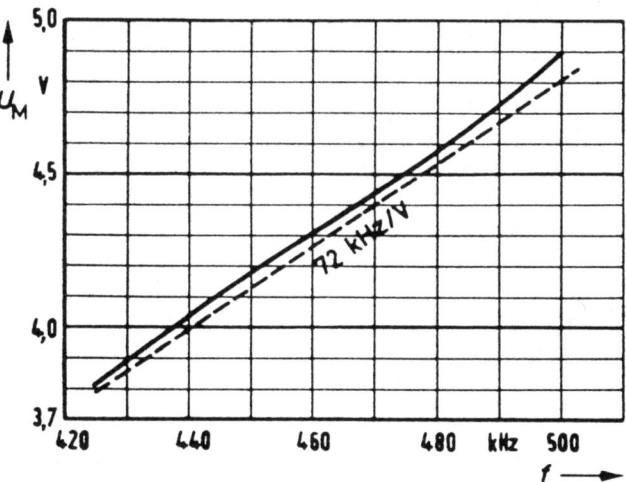

Abb. 13.6: Verlauf der Ausgangsfrequenz in Abhängigkeit von der Modulationsspannung

13.4 Low-Cost-HF-Wobbler

Nicht viel Aufwand erfordert die in *Abb. 13.7* gezeigte Wobbelzusatzschaltung aus der englischen Zeitschrift Radio Communication 11/1992. Sie stellt eine für Funkamateure typische Lösung dar und setzt sich aus Dreieckgenerator (aufgebaut mit einem Doppeloperationsverstärker) und HF-Oszillator zusammen. Dieser benötigt als aktives Element lediglich einen Feldeffekttransistor vom Typ *2N3819*. Viele ähnliche SFET-Typen sind geeignet. Die Frequenz des Dreieckgenerators lässt sich zwischen 3 und 20 Hz variieren. Die Amplitude bleibt dabei konstant (ca. 6 V Spitze-Spitze).

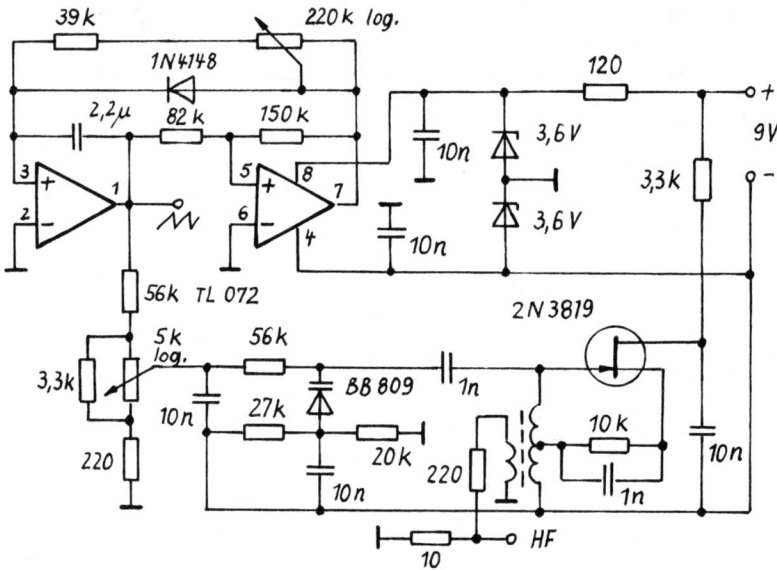

Abb. 13.7: Schaltung des kostengünstigen HF-Wobblers

Ein wenig kritisch ist der Aufbau des Hochfrequenzgenerators, da hier durch sorgfältige Dimensionierung ein linearer Frequenzverlauf erreicht werden sollte. Die Amplitude muss beim Wobbeln jedoch weitestgehend konstant bleiben. Der Oszillator wurde für das 80-m-Band dimensioniert, wobei die Wobbelbreite mit dem zweiten Potenziometer zwischen 2 und 400 kHz einstellbar ist.

Die Kapazitätsdiode bietet bei 1 V 39 bis 46 pF und bei 28 V 4 bis 5 pF. Der angegebene Typ ist nicht leicht erhältlich. Als Ersatz kann eine *BB 109G* zum Einsatz kommen, die eine Kapazitätsvariation von 5 bis 32 pF zulässt. Man kann auch zwei Varicaps mit kleineren Kapazitäten parallel schalten. Für die Toko-Spule werden keine Windungszahlen genannt. Diese kleine Schaltung bietet genügend Raum für eigene Experimente.

13.5 Logarithmischer NF-Wobbler

Ein anderer bekannter Funktionsgenerator-IC ist der *ICL 8038*. Damit lässt sich vorteilhaft ein Wobbler mit logarithmischer Kennlinie aufbauen. Diese Schaltung (*Abb. 13.8*) stammt aus der Zeitschrift Popular Electronics (March 1995).

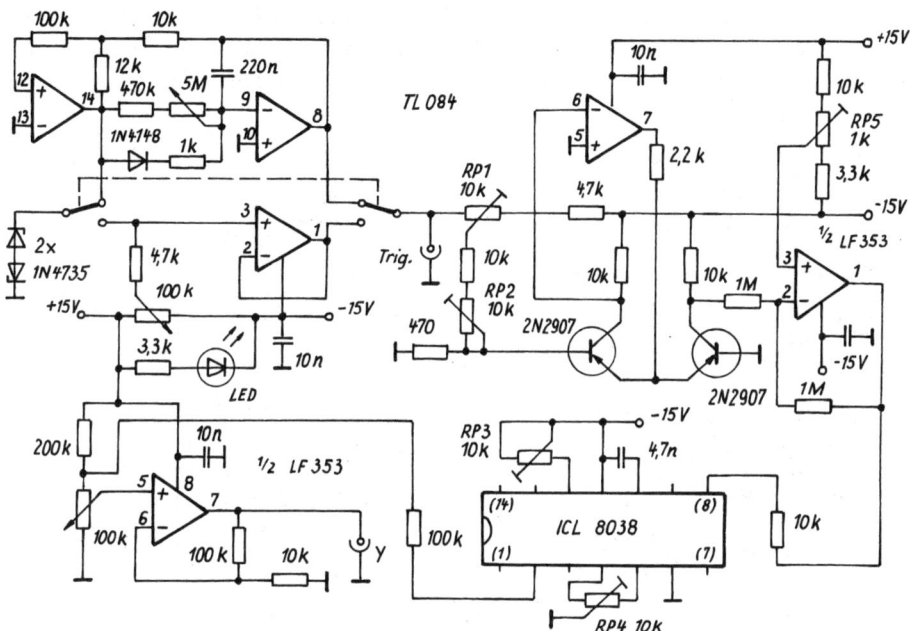

Abb. 13.8: Schaltung des logarithmischen NF-Wobblers für drei Dekaden

Die beiden Operationsverstärker links oben arbeiten als linearer Sägezahngenerator. Die Ausgangsspannung des ersten Verstärkers wird durch Z-Dioden auf etwa +/-7 V begrenzt. Hier entsteht eine Rechteckspannung. Der zweite Verstärker ist als Integrator beschaltet. Durch die Diode kommt die steile Flanke zustande. Eine Rückkopplung in Form des 10-kOhm-Widerstands bewirkt das Schwingen. Die Höhe der Sägezahnschwingung mit langsam steigender positiver Flanke beträgt 10 V (Spitze-Spitze). Das genügt zum Triggern jedes Oszilloskops.

Der dritte Verstärker in dieser Umgebung dient als Puffer bei der manuellen Einstellung der Frequenz mit dem 100-kOhm-Potenziometer. Zwar wird eine lineare Ausführung vorgeschlagen, doch dürfte ein logarithmischer Verlauf besser sein, denn der Frequenzbereich erstreckt sich über drei Dekaden von 20 Hz bis 20 kHz.

Der vierte im *TL 084* steckende Operationsverstärker dient als Logarithmierer. Dazu arbeitet er mit den beiden bipolaren Transistoren zusammen, die in seine Gegenkopplung eingebaut sind. Infolge der Diodenstrecke im Eingang zeigen Transistoren bekanntlich annähernd logarithmisches Spannungs-Strom-Übertragungsverhalten. Allerdings ist bei Verwendung eines Transistors der Temperatureinfluss meist nicht zu vernachlässigen. Dies wird hier mit einem zweiten Transistor kompensiert.

Ein weiterer Analogbaustein ist erforderlich, der Dualoperationsverstärker *LF 353*. Einer dieser Verstärker invertiert das Ausgangssignal des Logarithmierers, der andere dient als Ausgangsverstärker. Die „Spannungslage" des Inverters kann mit einem Spindel-Einstellwiderstand genau festgelegt werden.

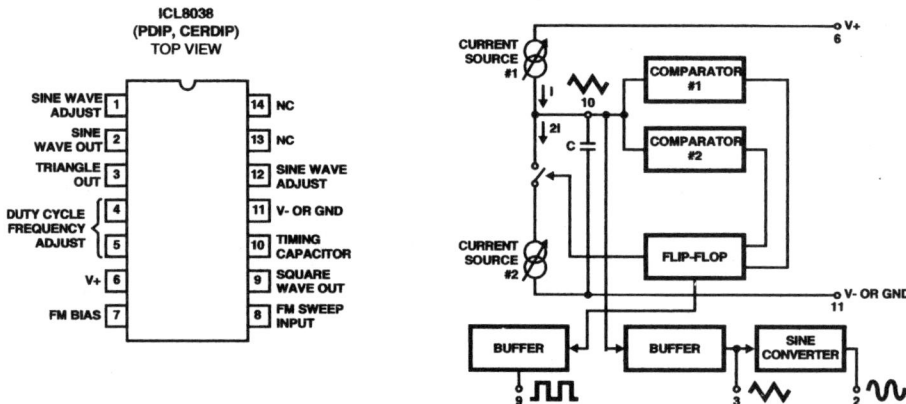

Abb. 13.9: Anschlussbelegung und Innenleben des ICL 8038

Der *ICL 8038* (*Abb. 13.9*) benötigt ein Minimum an Außenbeschaltung. An Anschluss 10 liegt der frequenzbestimmende Kondensator. Durch die Widerstände an Pin 2 wird die Ausgangsspannung reduziert und ein Koppelkondensator vermieden. Über das Level-Potenziometer gelangt der gewobbelte Sinus zum Ausgangsverstärker. Maximal 10 V (Spitze-Spitze) erscheinen an der Ausgangsbuchse.

Der Aufbau dieser Schaltung auf einer Universalplatine fällt dem geübten Bastler nicht schwer. Die Transistoren sollten thermischen Kontakt haben, noch besser wäre es, wenn sie zusammen in einem IC (Array, Differenzverstärker) integriert wären. Auf den Typ kommt es kaum an. Ein Netzteil mit zwei Stabi-ICs sollte hinzugefügt werden. So etwas gibt es auch als Bausatz.

Die Justage nimmt etwas Zeit in Anspruch. Man bringt alle fünf Einstellregler sowie die Potenziometer in Mittelstellung und schaltet auf Festfrequenzbetrieb. Dann misst man mit einem Digitalvoltmeter die Kollektor-Basis-Spannungen der Transistoren. Durch wechselseitigen Abgleich der Einstellwiderstände RP1 und RP2 wird für Gleichheit auch bei sich ändernder Temperatur (Erwärmung mit Lötkolben) gesorgt.

Nun sollte man ein Oszilloskop anschließen und das kontinuierliche Ausgangssignal betrachten. Mit RP3 lässt sich die Symmetrie, mit RP4 der Klirrfaktor optimieren. Ist dieser Abgleich beendet, bringt man das Frequenzeinstell-Potenziometer in die Extremstellungen und sorgt mit RP5 für den geforderten Frequenzbereich.

Nun kann man das Oszilloskop auch vom Wobbler triggern lassen und bei mittlerer Sweep-Frequenz das Frequenzverhalten beobachten. Man sollte dazu die in *Abb. 13.10* gezeigte Skala verwenden, die man auf durchsichtige oder durchscheinende Folie kopiert und auf dem Oszilloskopschirm fixiert. Eventuell ist eine Korrektur an dem frequenzbestimmenden Widerstand bzw. Kondensator erforderlich.

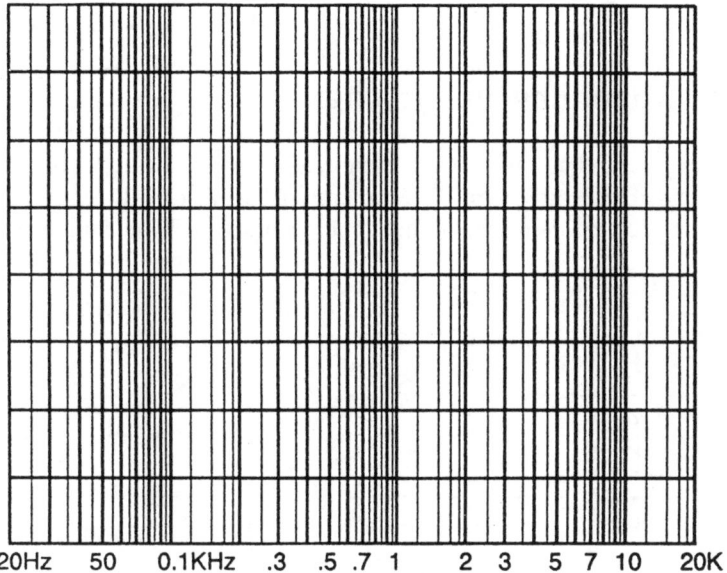

Abb. 13.10: Einteilung bei logarithmischem Verlauf als Ablesehilfe

14 Weitere interessante Scope-Zusatzschaltungen

Das hier zusammengestellte Schaltungsmosaik bringt interessante Erweiterungsvorsätze – insbesondere für Ausbildung und Hobbypraxis. Sie setzen allerdings oft einen X-Eingang des Scopes voraus, über den z. B. USB-Pen-Scopes nicht verfügen.

14.1 Vierfach-Spannungsvergleicher

Die in *Abb. 14.1* angegebene Schaltung (Quelle: Elektor, 301 Schaltungen) erlaubt den direkten visuellen Vergleich verschiedener Gleichspannungen mit dem Oszilloskop. Die einzelnen Werte werden auf dem Schirm nicht über-, sondern nebeneinander abgebildet.

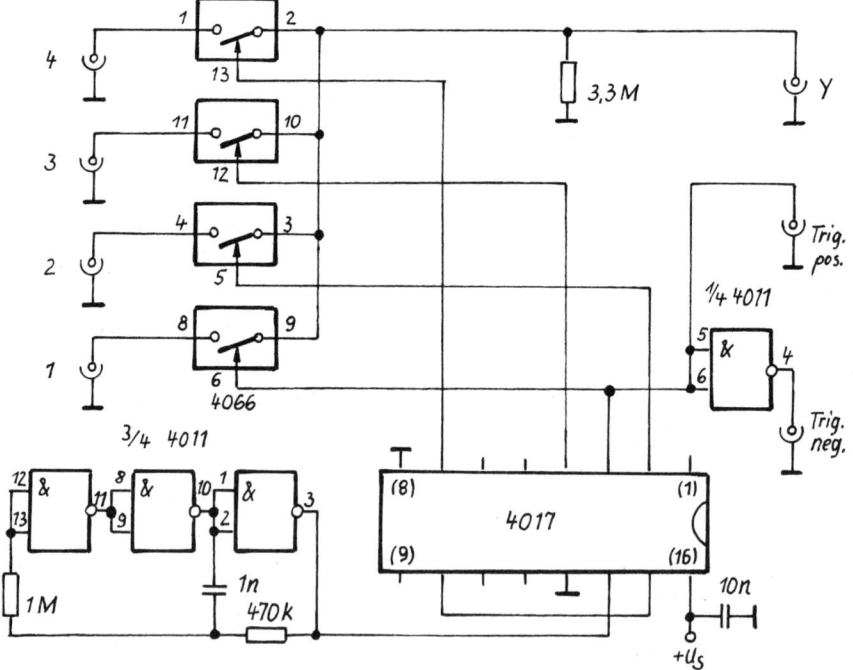

Abb. 14.1: Einfach und leicht verständlich: die Schaltung des Spannungsvergleichers

In der Schaltung wirken nur drei ICs, fünf Widerstände und zwei Kondensatoren zusammen. Die Funktion ist klar ersichtlich. Wichtig ist hier die Triggerung des Oszilloskops durch die Schaltung, damit die Abbildung nebeneinander erfolgen kann. Da die meisten Scopes eine Wahlmöglichkeit zwischen positiver und negativer Flanke als Grundlage der Triggerung haben, kann man einen dieser Ausgänge oft sparen.

Die Schaltung kann mit etwas Sorgfalt leicht auf einer Universalplatine nachgebaut werden. Die Speisespannung sollte zwischen 5 und 15 V liegen. Eine Verpolschutzdiode empfiehlt sich. Man achte darauf, dass die Spitzenwerte der Eingangsspannungen die Betriebsspannung keinesfalls übersteigen.

14.2 Grafik auf dem Scope-Bildschirm

Mit der in *Abb. 14.2* dargestellten Schaltung ist es möglich, eine einfache grafische Darstellung auf den Bildschirm des Oszilloskops zu zaubern. Hierbei kann man bis zu acht 16-bit-Worte abbilden.

Die kaskadierten Zähler (oben) und der D/A-Wandler (unten rechts) liefern dazu die Positionsinformationen für den X- und den Y-Eingang des Oszilloskops. Beim *SN 7493* handelt es sich um einen bekannten 4-Bit-Binärzähler. Der D/A-Wandler ist ein 16-Bit-Datenselektor/Multiplexer.

Die aktuellen logischen Zustände werden als Summe einer sinus- und einer cosinusförmigen Spannung gleicher Frequenz über den X- und den Y-Verstärker dargestellt. Wenn am Ausgang des Wandlers (Pin 10) ein H-Signal steht, wird der Y-Ausgang an 0 V gelegt und eine 1 auf den Bildschirm gezeichnet.

Die Größe der Zeichen kann mit den Einstellreglern RP1 und RP3, die Größe der Gesamtdarstellung für ein 16-bit-Wort mit den Trimmpotis RP4 und RP5 eingestellt werden. RP2 ist für den Abgleich der Kurvenform vorgesehen.

Die *Abbildungen 14.3* und *14.4* zeigen das Innenleben und die Pinbelegungen der TTL-ICs. Der Aufbau der Schaltung kann auf einer Platine mit Lötaugenraster erfolgen. Man beginnt mit dem Sinus/Cosinus-Generator. Dazu bieten sich Doppel-Operationsverstärker wie der *TL 082* an. Die Betriebsspannungszuleitungen sind dicht am IC zu entkoppeln (2 x 33 nF).

RP1 und RP2 müssen sorgsam und eventuell wechselseitig abgeglichen werden, damit die Schaltung sicher anschwingt und ein konstantes Signal produziert. Eine Amplitudenstabilisierung ist hier schließlich nicht vorgesehen. Für die digitalen Bausteine wird eine entsprechend kräftige +5-V-Versorgung benötigt.

Dieser Schaltungsvorschlag aus elrad 12/1983 bietet viel Spielraum, um Erfahrungen zu sammeln und zu experimentieren.

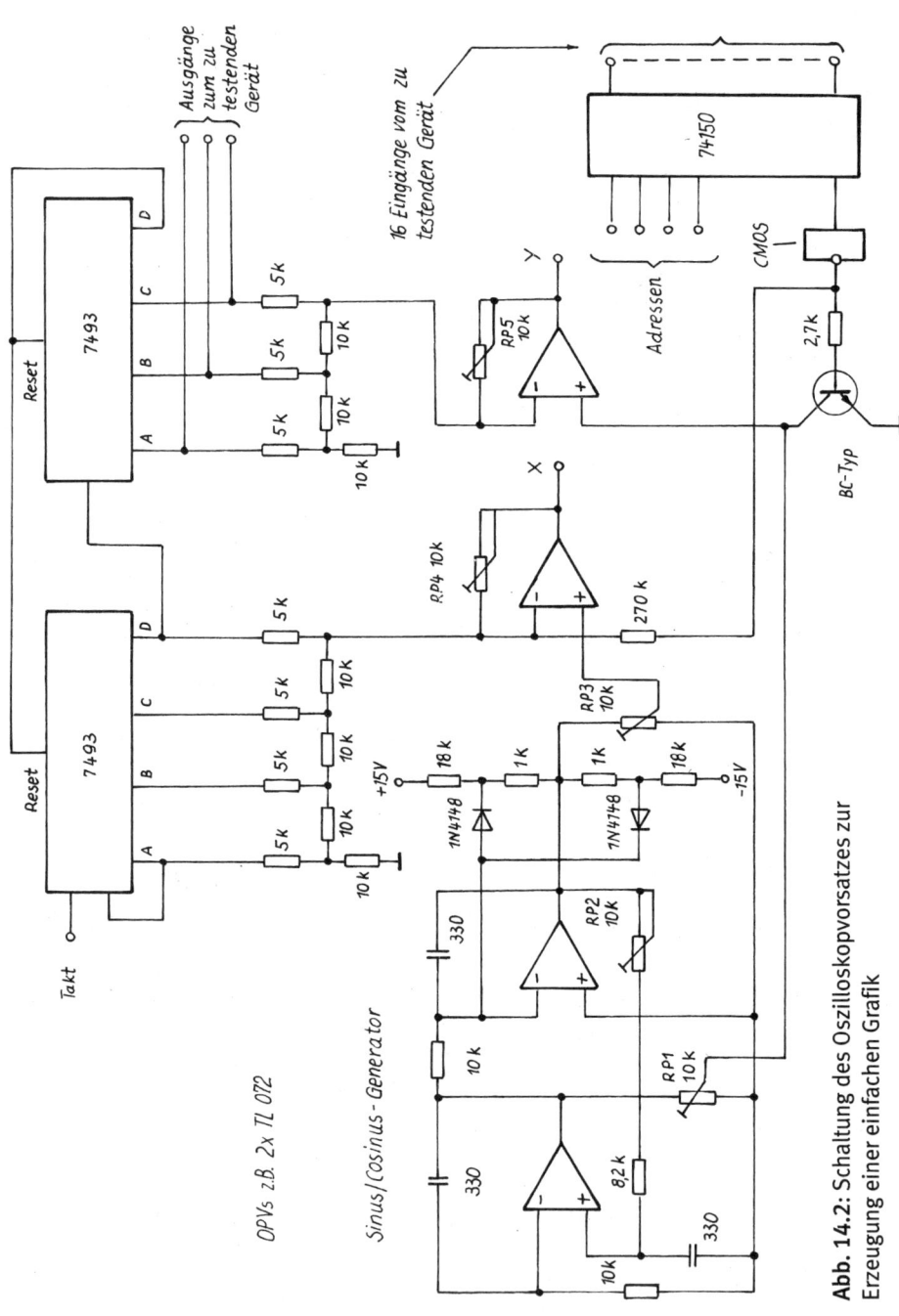

Abb. 14.2: Schaltung des Oszilloskopvorsatzes zur Erzeugung einer einfachen Grafik

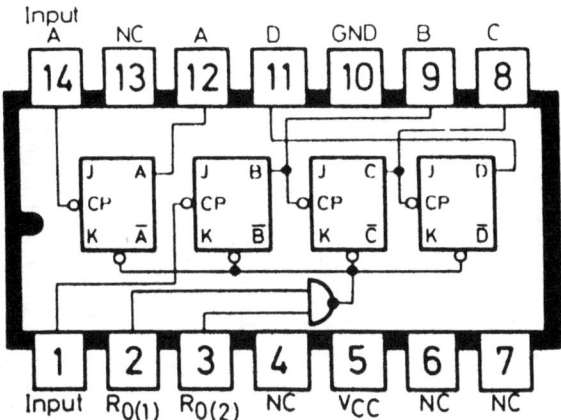

Abb. 14.3: Anschlussbelegung des Zählers SN 7493

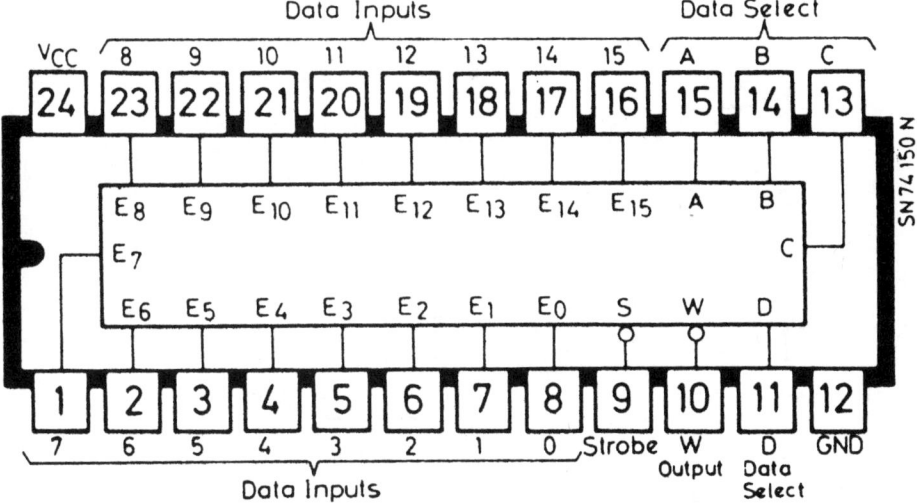

Abb. 14.4: Anschlussbelegung des SN 74150

14.3 Bargraph-Anzeige

Eine weitere interessante Vorsatzschaltung bringt *Abb. 14.5* (Quelle: Schaltungs-Kochbuch, elrad 12/1983). Diese Schaltung erlaubt die Darstellung eines Balkendiagramms mit zehn Balken auf dem Oszilloskopbildschirm. Die Höhe eines Balkens entspricht der jeweiligen Eingangsspannung am zugeordneten Eingang.

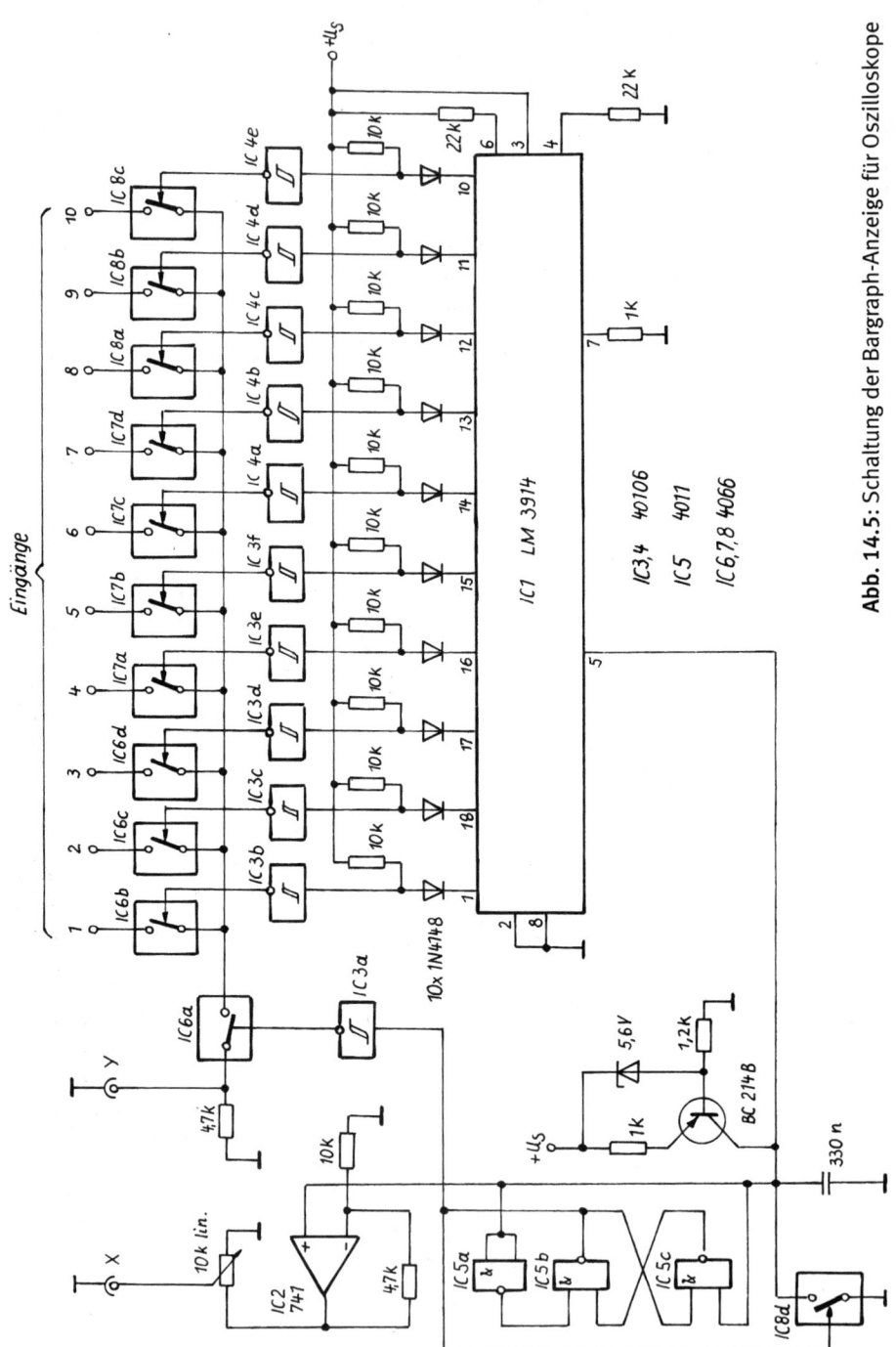

Abb. 14.5: Schaltung der Bargraph-Anzeige für Oszilloskope

Herz der Schaltung ist – das wundert kaum – der Bargraph-Treiber *LM 3914*. Er wird von einem Sägezahngenerator unterstützt, der interessanterweise mit dem Transistor, einigen Gattern und einem Analogschalter aufgebaut ist. IC 5a, b und c und IC 8d erzeugen mit der Transistor-Konstantstromquelle eine Sägezahnschwingung mit linear ansteigender Flanke und der Frequenz 1 kHz.

IC 2 arbeitet als Trennverstärker für den Sägezahnausgang. Die Sägezahnspannung wird auf den X-Eingang des Oszilloskops gegeben.

Der Bargraph-Treiber-IC steuert einen aus IC 6b bis IC 8c bestehenden Multiplexer an. Da ein Multiplexer auf der zeitlich versetzen Ansteuerung einzelner Signale basiert, erhält man die zehn nebeneinanderstehenden Balken auf dem Schirm.

Der jeweils angesteuerte Analogschalter des Multiplexers legt den angewählten Eingang an den Y-Eingang des Oszilloskops. Während des Rücklaufs der Sägezahnspannung schaltet IC 6a den Y-Eingang ab.

Die *Abbildungen 14.6, 14.7* und *14.8* informieren näher zu den CMOS-ICs. Es ist einfach, diese interessante Schaltung auf einer Universalplatine aufzubauen. Als Operationsverstärker können auch viele andere Typen eingesetzt werden.

Die Betriebsspannung von maximal +/-15 V liefert ein Universalnetzteil. Die negative Spannung ist lediglich für den Operationsverstärker erforderlich.

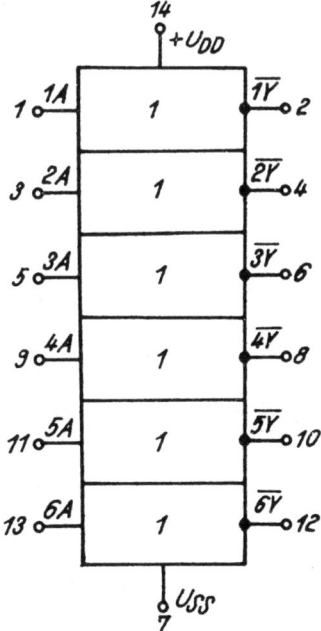

Abb. 14.6: Anschlussbelegung der CMOS-Schmitt-Trigger-ICs 40106

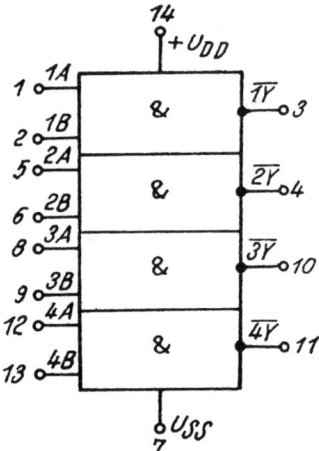

Abb. 14.7: Anschlussbelegung des CMOS-Schaltkreises 4011

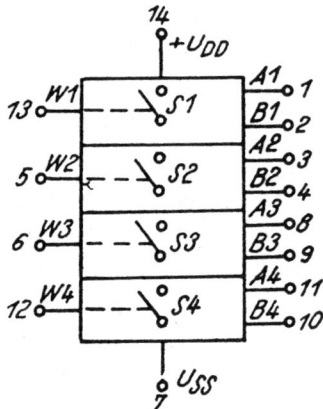

Abb. 14.8: Pinbelegung für den CMOS-IC 4066

14.4 Kennlinienschreiber-Zusatz

Statische Messungen an elektronischen Bauelementen lassen nur ein Ergebnis zu. Dynamische Messungen hingegen liefern ganze Kennlinien. Der Aufwand für einen brauchbaren Kennlinienschreiber hält sich durchaus in Grenzen.

Das Prinzipschaltbild in *Abb. 14.9* zeigt, wie ein Zusatzgerät eine Kennlinie auf den Oszilloskopschirm „zaubert". Das zu prüfende Bauelement – hier eine Diode – liegt über dem Widerstand an einer Wechselspannung. Der Widerstand hat dabei zwei Aufgaben: die Strombegrenzung und die Strom-Spannungs-Wandlung. Die an ihm abfallende Spannung ist gleich der Eingangsspannung des Y-Verstärkers unseres Scopes.

In X-Richtung (horizontal) wird hingegen mit der invertierten Spannung am Bauelement abgelenkt. Invertieren muss man deshalb, weil X- und Y-Verstärker im Oszilloskop eine gemeinsame Masse haben. Diese muss daher in die Mitte zwischen R und das Bauelement gelegt werden.

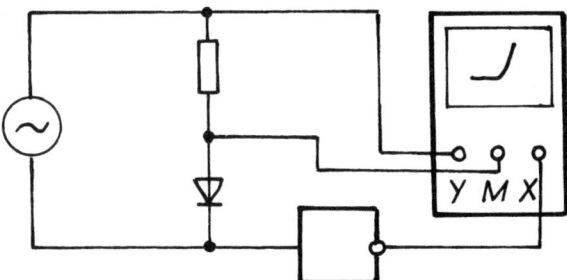

Abb. 14.9: Das Funktionsprinzip eines Kennlinienschreibers

Die vollständige Schaltung (*Abb. 14.10*) wirkt gegenüber dem Prinzipschaltbild etwas umfangreich, kann aber fast ebenso leicht durchschaut werden. Beim oberen Schaltungsteil handelt es sich lediglich um die Betriebsspannungserzeugung für den Inverter. Außerdem kann über die Widerstände ein Basisstrom für Transistoren abgenommen werden.

LED 1 signalisiert den Ein-Zustand. Mit S1 kann man zwischen den beiden Vorwiderstandswerten 5 kOhm und 500 Ohm wählen; entsprechend ergeben sich für $U_Y = 1$ V die Ströme 0,2 mA und 2 mA. Stellt man die Y-Ablenkung also auf 1 V/cm, entspricht je nach Schalterstellung eine Auslenkung um einen Zentimeter diesen Stromwerten.

Im größeren Bereich dürfen dabei maximal 30 mA fließen. Da es empfindliche Bauelemente gibt, die dies nicht mehr vertragen, wurde LED 2 als „Warnanzeige" vorgesehen.

In X-Richtung, wo auch ursprünglich nur eine Spannung dargestellt wird, gibt es ebenfalls zwei Bereiche: 0,1 V und 1 V. Im zweiten wird also vom Kennlinienschreiber exakt der Spannungsbetrag ausgegeben, der am Bauelement entsteht, im ersten nur ein Zehntel davon. Man muss dann die X-Verstärker-Empfindlichkeit entsprechend wählen.

Diese Schaltung kann relativ leicht auf einer Europa-Universalplatine aufgebaut werden, wobei ein kleiner Printtrafo genügt. Wichtig: Hier muss man auf ordnungsgemäße Montage und fachgerechten Netzschluss (über entsprechende Klemmen) achten. Wegen der Vielzahl von Bedienungselementen und der Netzsicherheit muss zwingend der Einbau in ein Gehäuse erfolgen. Auf eine übersichtliche Gestaltung der Gerätefront sollte man Wert legen.

Beim Einsatz des Geräts muss man beachten, dass X-Verstärker in der Regel einen AC-Eingang haben. Die senkrechte „Nulllinie" verschiebt sich daher im Betrieb undefiniert, weil der Eingangskondensator sich auf eine gewisse mittlere Spannung auflädt. Auch sollte man die X-Verstärker-Empfindlichkeit kontrollieren, da hier nicht nur einfach getriggert wird. Schließlich ist zu beachten, dass der Emitter von Transistoren immer an Masse zu legen ist, wenn Basisstrom zugeführt wird. Hierdurch ergibt sich zwangsläufig ein „auf dem Kopf" stehendes Bild.

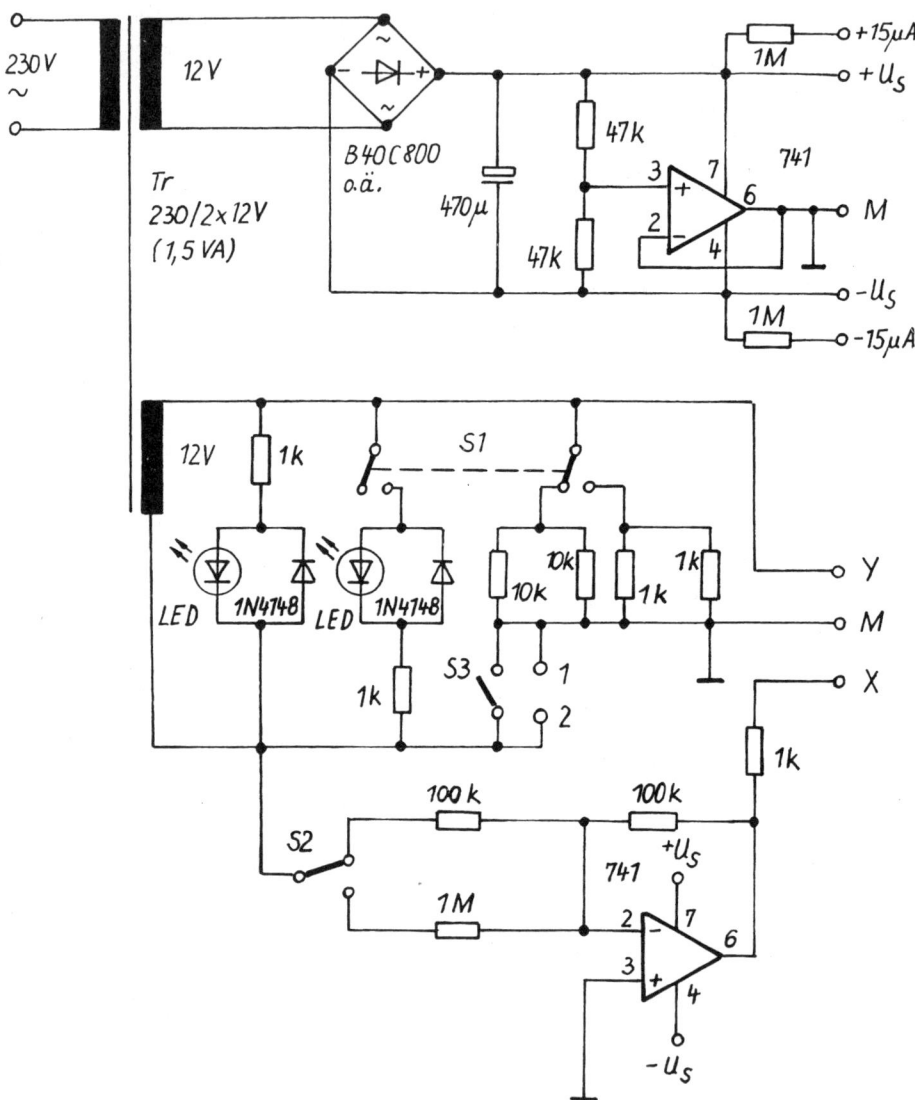

Abb. 14.10: Gesamtschaltung des Kennlinienschreiber-Zusatzes

Praktische Hinweise zu Kennlinienschreibern

Ein Kennlinienschreiber entsteht durch Hinzufügen steuerbarer Spannungsquellen zu einem Oszilloskop. Man kann einen solchen Zusatz leicht selbst bauen, aber auch einen professionellen Kennlinienschreiber als Komplettgerät erwerben.

Bei der Messung an Transistoren muss man beachten, dass hier die Eigenschaften in besonderem Maß temperaturabhängig sind und dass es in der Anfangsphase zu einem „Weglaufen" der Kennlinie kommen kann. Je nach Chipgröße, Wärmeabfuhr und Wobbelfrequenz werden die Kennlinien durch den thermischen Mitlaufeffekt verzerrt.

Ein Kennlinienschreiber eignet sich auch gut zum Aussuchen gleichartiger Bauelemente. Sind die HF-Eigenschaften eines aktiven Bauelements gut, kann es zum Oszillieren kommen. Man muss dann Dämpfungsmaßnahmen – beispielsweise einen niederohmigen Basisvorwiderstand – vorsehen.

Kennlinienschreiber sind in der Ausbildung recht beliebt und vielleicht auch deshalb besonders beachtenswert, weil sie die thermische Empfindlichkeit von Halbleiterbauelementen eindrucksvoll demonstrieren.

Man sollte bei professionellen Geräten immer die mitgelieferten Messadapter verwenden, da sie höchste Sicherheit bieten.

14.5 Modulationsmonitor-Zusatz

In der Schaltung nach *Abb. 14.11* wird das Signal am Eingang *in* an einen Lastwiderstand R_L von z. B. 50 Ohm gelegt (damit sich keine Reflexionen ergeben) und symmetrisch demoduliert. Die obere Diode trennt die obere, die untere die untere HF-Halbwelle ab. Die Dioden sind mit einem Strom von etwa 300 µA „vorgespannt". Da der symmetrische AM-Demodulator nicht kapazitiv getrennt ist, ergibt sich gemäß der Dioden-Flussspannungen ein Signalversatz, der mit den nachfolgenden Transistoren wieder korrigiert wird.

Über Widerstände gelangt das Signal zu Q7 und Q8. Dies sind komplementäre Impedanzwandler, die auf ein Poti zur Maßstabeinstellung arbeiten. Das Scope sollte 1 V/T anzeigen. Da die Spannung vermindert wird, stellt man das Scope empfindlicher ein und korrigiert mit dem Poti.

Mit dem *IC 74S00* wird eine Chopper-Frequenz von etwa 180 kHz erzeugt. Diese Frequenz ist so hoch, dass man sie mit der eingestellten Zeitbasis nicht auflösen kann. Dies ist die Bedingung für die Funktion der Schaltung.

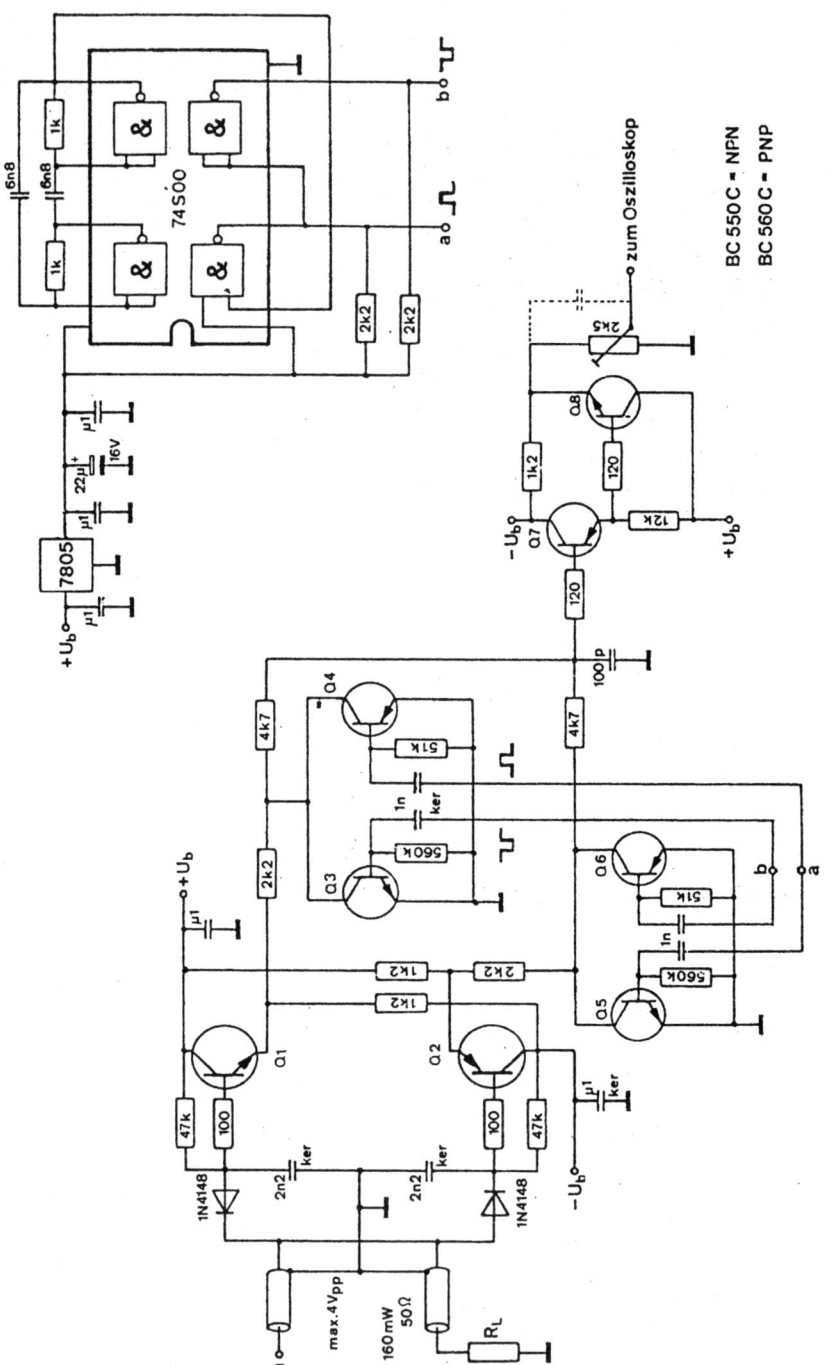

Abb. 14.11: Diese Schaltung stellt AM-Informationen mit dem Scope dar.

Die Chopper-Transistoren Q3, 4, 5 und 6 legen abwechselnd die Ausgangsspannungen von Q1 und Q2 über Widerstände 2,2 kOhm an Masse. Über 4,7-kOhm-Widerstände kommen die Spannungsimpulse an der Basis von Q7 zusammen.

Die Amplitude des Chopper-Signals ist proportional zur Spannungsdifferenz der Hüllkurven. Der Kondensator 100 pF verschleift die Flanken und vermindert Spitzen infolge der Gatterlaufzeit.

Das Scope darf nicht auf die Chopper-Frequenz triggern. Einen Rest der Chopper-Frequenz kann man mit einem hochohmigen Widerstand von a oder b zum 100-pF-Kondensator beseitigen.

Die Chopper-Transistoren schließen eine Spannung je nach Polarität kurz. Da der *74S00* an 5 V arbeitet, darf diese Spannung theoretisch maximal 10 V Spitze-Spitze haben. Praktisch sieht man einen Sicherheitsbereich vor – daher die begrenzte Eingangsspannung. Eingangsspannungen unter 500 mV können nicht mehr besonders genau dargestellt werden.

Beim Aufbau dieses Vorsatzes geht man schrittweise vor, beginnt am besten mit dem *74S00*-Teil und setzt mit den Stufen Q3/4 und Q5/6 fort. Eine symmetrische Betriebsspannung von +/-15 V ist erforderlich. Der Vorsatz zeigt auch Instabilitäten in Schwingschaltungen oder wilde Schwingungen etwa in Vervielfacherstufen auf – eben auch alle Störeffekte, die sich als Amplitudenmodulation niederschlagen.

Mehr Informationen finden Sie im Originalbeitrag „Vorsatzgerät für Oszilloskope" von D.-K. Mottaghian-Milani, veröffentlicht in der Klubzeitschrift CQ DL 10/1995.

15 Noch mehr USB-Messtechnik

Die USB-Messtechnik beschränkt sich nicht nur auf Scopes, sondern erlaubt verschiedenste Messungen. So gibt es Funktionsgeneratoren, Zählfrequenzmesser oder Logikanalysatoren zum Anschluss an den USB. Ein neues und breites Feld ist auch die Analog-Digital-Wandlung und Auswertung relativ langsamer Signale. Folgend wird beschrieben, in welchen Formen sich diese Karten, Module oder Zusätze zeigen.

15.1 PC-Karten/-Module

PC-Mess-, *A/D-* oder *Digitalkarten* genannte Produkte erhält man für alle gängigen Computer-Schnittstellen, wie RS-232 oder USB 2.0. Adapter schaffen bei Bedarf den Übergang (*Abb. 15.1*). Es kann sich um eine Einsteckkarte handeln, manchmal werden aber auch externe Karten mit Gehäuse (*Abb. 15.2*) einfach nur als „Karte" bezeichnet. Hier scheint die Bezeichnung „Modul" treffender. Neben den Sensoren (Messwertaufnehmern) und dem Bereich der Analog-Digital-Wandlung ist die Art der Messdatenerfassung wichtig. Man unterscheidet im Prinzip drei Arten von PC-Karten oder -Modulen:

TTL-Karten/-Module

Mit TTL-Karten (Transistor-Tansistor-Logik, rein digital) kann man Schaltvorgänge von Digitalschaltungen auslesen und weiterverarbeiten. Da hier der Signalpegel in etwa dem des angeschlossenen Rechners entspricht, bedarf es ausnahmsweise keiner galvanischen Trennung.

Optokopplerkarten/-module

Optokopplerkarten kommen immer dann zum Einsatz, wenn eine galvanische Trennung zweier Stromkreise benötigt wird. So kann man den Steuerungs- und den Leistungsteil einer Schaltung trennen – der Computer ist geschützt. Weiterhin nutzt man Optokopplerkarten auch zur Datenübertragung auf größere Entfernungen, um Störungen auszuschließen.

Relaiskarten/-module

Relaiskarten werden zur kleinen Leistungssteuerung eingesetzt und verarbeiten problemlos Wechselspannungen und Ströme bis zu etwa 3 A. Man erkennt diese Komponenten auch an der Bezeichnung *Switch* (Schalter).

Abb. 15.1: Ein RS-232-to-USB-Adapter ist klein und preiswert.

Abb. 15.2: Low-Cost-A/D-Modul der DT-Econ-Serie für USB

TTL-Karten schalten bidirektional, d. h., ein Anschluss kann sowohl als Eingang als auch als Ausgang dienen. So lassen sich Daten erfassen und auch externe Geräte bzw. weitere Ports ansteuern.

Optokopplerkarten haben einen eigenen Masseanschluss, gegen den man positiv oder negativ schalten kann.

Relaiskarten schalten externe Stromkreise vom PC aus. Sie eignen sich beispielsweise im Unterhaltungsbereich dazu, eine Lichtsteuerung (230 V) zu bedienen. Mittels Port-Befehl wird ein Relaiskontakt entweder geöffnet oder geschlossen. Ein weiterer Vorteil von Relaiskarten besteht darin, dass sowohl Spannungen mit unterschiedlichen Potenzialen als auch Wechselspannungen problemlos geschaltet werden können.

Module mit der Bezeichnung *Digital-Interface* fassen mehrere oder alle der oben genannten Funktionen zusammen. Als Beispiel sei der *MEphisto Switch*, ein digitales Multitalent mit TTL-Kanälen, Optoisolation und Relais (*Abb. 15.3*), genannt.

Abb. 15.3: Der MEphisto Switch von Meilhaus Electronic

Das Einsatzspektrum dieser Produkte reicht von der Prozesssteuerung über Labor-messungen bis zu Protokollierungen und Auswertungen von Langzeitanalysen. Ein wichtiges Einsatzgebiet sind auch zeitlich gesteuerte Intervallmessungen, wobei der PC alles automatisch erledigt. Im häuslichen Bereich lassen sich mit diesen Zusätzen neben der Messdatenerfassung für den Hobbyelektroniker auch Haushaltsgeräte und Lichtanlagen preiswert und effektiv steuern.

15.2 Das „Messlabor"

Der Computer ist in Verbindung mit einem Analog-Digital-Wandler ein interessantes Instrument für das private Elektroniklabor, in dem messtechnische Aufgaben doku-mentiert und automatisiert werden sollen. Gerade die Messdatenverarbeitung wird auf diese Weise effizient möglich. Eine große Anzahl an Messvorgängen kann schnell und bequem gesteuert und aufgezeichnet werden. Es gibt Multifunktions-Datenerfas-sungssysteme für USB, die viele Vorteile bieten:

* Mobilität durch Notebook-Nutzung
* Plug&Play bei laufendem PC
* z. B. 16 massebezogene und acht Differenz-Analogeingänge
* Tausende Messungen pro Sekunde
* Auflösung bis 16 bit
* analoge Verstärkung möglich
* Frequenz- bzw. Ereigniszähler
* Watchdog Timer

Diese Zusätze werden oft etwas überschwänglich als „Messlabor" bezeichnet. Die Leistungsmerkmale können begrenzt („Mini-Messlabor", *Abb. 15.4*) bis umfangreich („Profi-Messlabor", *Abb. 15.5*) sein.

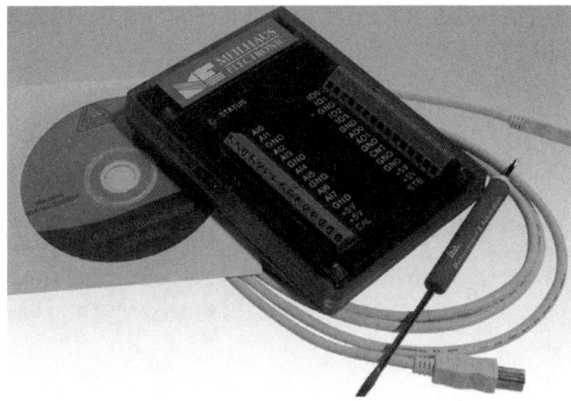

Abb. 15.4: Das USB-Mini-Messlabor von Meilhaus hat zwölf Analog- und 20 Digitaleingänge.

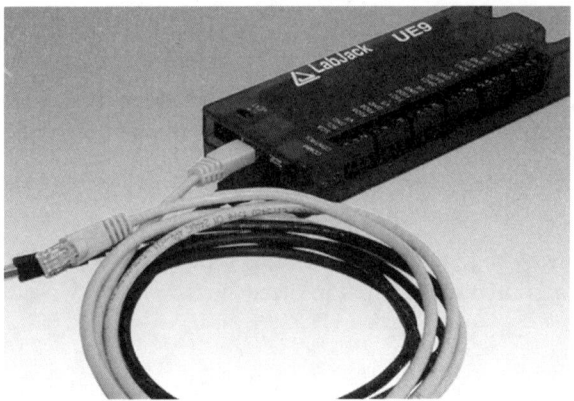

Abb. 15.5: Das USB-Profi-Kompakt-Messlabor von Meilhaus hat 14 Analog- und acht flexible Digitaleingänge.

15.3 Der Datenlogger

Ein Datenlogger (data logger) kann physikalische Größen wie Temperaturen oder Spannungen über eine bestimmte Zeit hinweg erfassen – und zwar autonom (ohne Computer). Zur Programmierung der Messfunktionen und Auswertung der Daten schließt man ihn z. B. über USB an einen Computer an.

Ein Datenlogger hat es „in sich": Er besteht aus folgenden Funktionseinheiten:

- programmierbarer Mikroprozessor
- A/D-Wandler
- Speicher
- Schnittstellen
- mehrere Kanäle zum Anschluss der Sensoren
- Akkumulator zur Eigenversorgung
- Echtzeituhr

Zur Funktion: Über den Sensor werden die Messdaten erfasst, durch den Analog-Digital-Umsetzer gewandelt und im Speicher festgehalten. Dieser kann z. B. eine Speicherkarte, ein EEPROM oder eine kleine Festplatte sein – jedenfalls ein Speichermedium, das die Daten auch bei Wegfall der Versorgungsspannung hält.

Die gespeicherten Daten lassen sich über Schnittstellen wie USB, LAN oder Bluetooth auslesen und mit geeigneter Software im Computer auswerten (beispielsweise als Diagramm darstellen).

Über eine Schnittstelle wird der Datenlogger auch für seinen Einsatz konfiguriert. Man legt via Software beispielsweise Start- und Endzeit der Messung und Messintervalle fest: z. B. Beginn sofort, Ende in 24 h und Messintervalle 15 min. Da oft mehrere in Zusammenhang stehende Messgrößen erfasst werden sollen, besitzt ein Datenlogger meist mehrere Kanäle.

Man muss zwischen einfachen und professionellen Loggern unterscheiden. Preis und Funktionalität machen den Unterschied. Weiter sind anwendungsbezogen folgende Unterscheidungen möglich:

Normsignal-Logger

Sie dienen vor allem zur Spannungs- und Stromüberwachung, typisch für 0 bis 20 V und 0 bis 20 mA. Erweiterungen gestatten speziellere Einsätze.

Ereignisimpuls-Logger

Hier werden TTL-Signale oder Schaltsignale registriert, etwa um Durchflussmengen zu erfassen. Spezielle Sensoren liefern die Impulse.

Spezial-Logger

Diese sind auf eine bestimmte Messgröße spezialisiert und werden bereits mit dem entsprechenden Sensor geliefert. Ein Temperatur-Logger etwa erfasst mit seinem internen oder externen Sensor die Temperatur in Grad Celsius oder Kelvin direkt.

PDF-Logger

Der PDF-Logger erstellt beim Einstecken in eine USB-Schnittstelle automatisch ein PDF-File mit einem Text und einem Grafikteil zu den aktuellen Messdaten. Vorteil: Zusatzsoftware wird nicht benötigt, die Ausgabe funktioniert auf jedem PC.

Der Begriff *Datenlogger* wird vor allem in der Automobilbranche häufig mit dem Begriff *Fahrzeugdiagnosesystem* verwechselt. Der Unterschied: Datenlogger sind universelle Aufzeichnungsgeräte, Fahrzeugdiagnosesysteme bieten mit Datenreduktion, Aufbereitung und Visualisierung der Daten sowie weiteren Funktionalitäten mehr.

Beim Einsatz von Datenloggern muss man Folgendes berücksichtigen:

Merke: Je höher man die Messrate wählt, desto schneller ist der Speicher voll und umso schneller erschöpft sich der Akku.

Daher kann der Speicher als Ringspeicher betrieben werden. Wenn er also komplett beschrieben ist, werden die ältesten Daten von den neusten überschrieben.

16 Prüfen und Testen von USB-Scopes

In den folgenden Kapiteln werden einige USB-Scopes anhand wichtiger technischer Daten, etwaiger Besonderheiten und elektrischer Messungen (Bandbreite, Triggerung und Flankendarstellung betreffend) näher vorgestellt. Bei der Installation kommt es ab und an zu Warnungen. Diese wurden grundsätzlich ignoriert.

16.1 Die Bandbreite

Im Gegensatz zu analogen Oszilloskopen kann die Bandbreite bei digitalen Scopes nicht nur durch den 3-dB-Abfall des Signals, sondern auch durch eine beginnende verzerrte Darstellung begrenzt werden. Es gibt also zwei Kriterien: entweder den –3-dB-Punkt oder eine einsetzende Verzerrung. Das erste Kriterium ist „hart", das zweite „weich" (Interpretationsspielraum).

Der Test erfolgte mit einem 100-mV-Sinussignal aus einer 50-Ohm-Quelle bei nativer und repetitiver Abtastung – bei einem Zweikanalgerät auch im Zweikanalbetrieb und zur Sicherheit mit einem Signal am zweiten Eingang.

Außerdem wird eine Aussage zum Frequenzgang getroffen. Dieser kann bei USB-Scopes von dem bei analogen Oszilloskopen Üblichen abweichen.

Bandbreite bzw. Frequenzgang werden infolge der nicht idealen Quelle verfälscht. Es ist allerdings nicht klar, ob sich die Bandbreiteangaben der Hersteller auf den in der HF-Messtechnik üblichen 50-Ohm-Quellwiderstand oder auf einen vernachlässigbar geringen Quellwiderstand beziehen. Zur Illustration des Problems Angaben zu einem typischen Scope-Eingang (30 pF parallel 1 MOhm):

Frequenz	Blindwiderstand	ohmscher Anteil
1 MHz	rund 5 kOhm	ungefähr 500 kOhm
3 MHz	etwa 1,8 kOhm	ungefähr 100 kOhm
10 MHz	rund 500 Ohm	ungefähr 50 kOhm
30 MHz	etwa 180 Ohm	ungefähr 10 kOhm

Der ohmsche Anteil, der sich aufgrund des mit der Frequenz wachsenden Verlustwiderstands der Eingangskapazität reduziert, bleibt vernachlässigbar groß gegen 50 Ohm. Der kapazitive Blindwiderstand ist bei 10 MHz bereits rund zehnfach größer als 50 Ohm, was zu einem signifikanten (Fehl-)Spannungsabfall am Innenwiderstand des Messgenerators führt. Da an 50 Ohm gemessen wurde, wird auch die Eingangskapazität mit angegeben.

16.2 Triggerung

Ein wichtiges Qualitätsmerkmal ist auch die zur Triggerung gerade noch ausreichende Signalamplitude. Bei interner Triggerung ist sie identisch mit der noch messbaren Spannung. Getestet wurde im Normalmodus bei Triggerung auf steigende Flanke mit einem Sinussignal bei 10 MHz und nach 16.1 ermittelter oberer Einsatzfrequenz.

16.3 Flankendarstellung

Zur Flankendarstellung wurde ein 1-MHz-Generator mit einem schnellen TTL-Schaltkreis aufgebaut (*Abb. 16.1*). Die Amplitude liegt bei 4,5 V. Anstiegs- und Abfallszeit betragen etwa 10 ns.

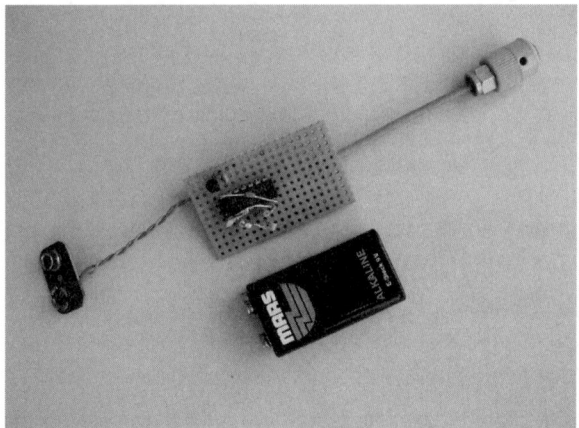

Abb. 16.1: Das kleine Rechteckgeneratormodul zum Test der Flankendarstellung

16.4 Zusatzfunktion FFT

Wenn diese Funktion vorhanden war, wurde sie mit dem nominellen Sinussignal des benutzten DDS-Signalgenerators auch getestet. Amplitude und Frequenz wurden dem Scope bzw. Spectrum Analyzer angepasst. Die Bandbreiten sind von Typ zu Typ sehr verschieden. Man muss darauf achten, den Eingang auch nicht ansatzweise zu übersteuern (daher kein „Einheitspegel").

17 Das Hand-Scope PS40M10

Das *PS40M10* ist nicht nur ein Oszilloskop, sondern auch Spektrumanalysator, Daten-logger, Voltmeter und Frequenzmesser. Fünf Messfunktionen in einem schlanken Ge-häuse für ungefähr 330 Euro (bei Meilhaus oder Reichelt) – das weckt das Interesse des preisbewussten Elektronikers. In der Typenbezeichnung stehen „PS" für Pen-Scope, „40M" für 40 MS/s native Sampling Rate und „10" für 10 bit Auflösung.

Das Gerät kommt in einer Schutztasche zusammen mit einem Adapter Cinch-Ste-cker/BNC-Buchse (*Abb. 17.1*). Er kann die federnde Tastspitze ersetzen (*Abb. 17.2*). Das Gerät stammt von der englischen Firma USB Instruments, auf deren Website www.usb-instruments.com viele Informationen zu dem Scope abrufbar sind.

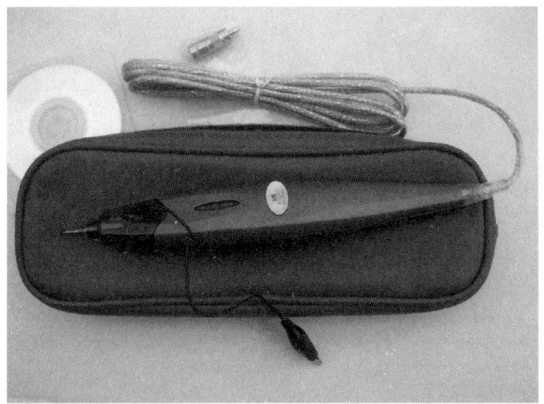

Abb. 17.1: Das PS40M10 auf seiner blauen Transporttasche

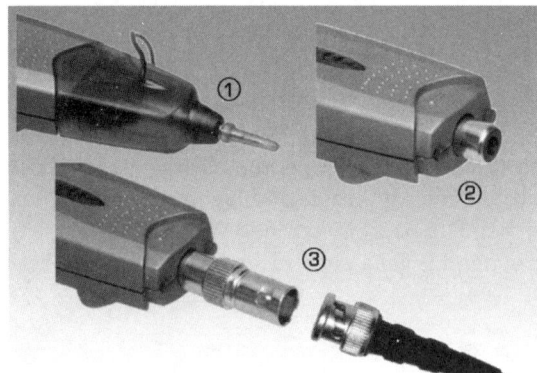

Abb. 17.2: Statt der federnden Tastspitze ist ein BNC-Adapter möglich.

17.1 Wichtige technische Daten

Das PS40M10 zeichnet sich im Wesentlichen durch folgende Eigenschaften aus:

- native Abtastrate 40 MS/s
- repetitive Abtastrate 1 GS/s
- Auflösung 10 bit
- Triggerung auf Flanke oder Impulsbreite, auch verzögert
- max. Eingangsspannung +/-50 V
- Abmessungen 34 x 24 x 240 mm^3
- Masse 160 g mit Kabel
- Windows 98, 2000, XP, W-CE- und Linux-Treiber auf Anfrage
- weitere Messfunktionen: FFT, Frequenzmesser, Voltmeter, Logger

17.2 Besonderheiten

Das PS40M10 besitzt zwar vier weitere Funktionen, bietet aber in seiner Grundfunktion als digitales Speicheroszilloskop keine Möglichkeit, einmalige Vorgänge aufzunehmen. Die Oversampling-Funktion der mitgelieferten Software *EasyScope II* erlaubt die repetitive Darstellung mit einer horizontalen Auflösung von bis zu 1 ns. Die mitgelieferten Windows-DLLs macht Fremdsoftware den Zugriff auf das Pen-Scope möglich. An der vorderen Stirnseite befinden sich zwei LEDs, die im Run-Modus blinken.

17.3 Bandbreite

Der −3-dB-Punkt wurde bei 3,8 MHz erreicht, bei der nominellen Grenzfrequenz 5 MHz ist die Darstellung schon nicht mehr ganz korrekt (*Abb. 17.3* und *17.4*). Hier wird das Signal etwa 50 % zu klein dargestellt (Korrekturfaktor 2).

Eine Angabe zur Eingangskapazität fand der Autor nicht. An einem vernachlässigbar geringen Quellwiderstand sollte die Bandbreite 5 MHz etwa erreicht werden.

17.4 Triggerung

Im Triggermodus auf steigende Flanke wurden folgende Mindestsignalspannungen (Sinus, Effektivwerte) ermittelt:

- 1 MHz: 35 mV
- 5 MHz: 70 mV

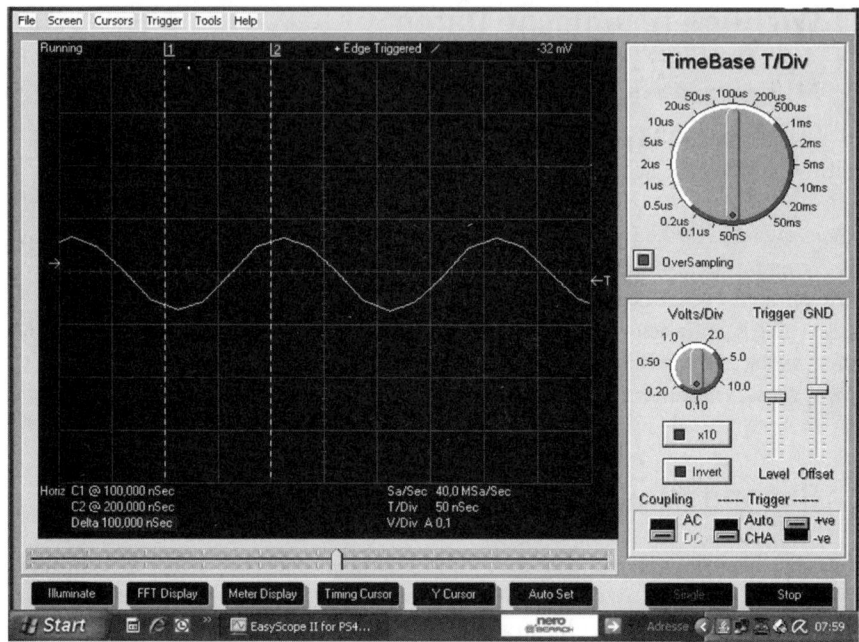

Abb. 17.3: Das 100-mV-Testsignal mit 5 MHz bei 40 MS/s nativ

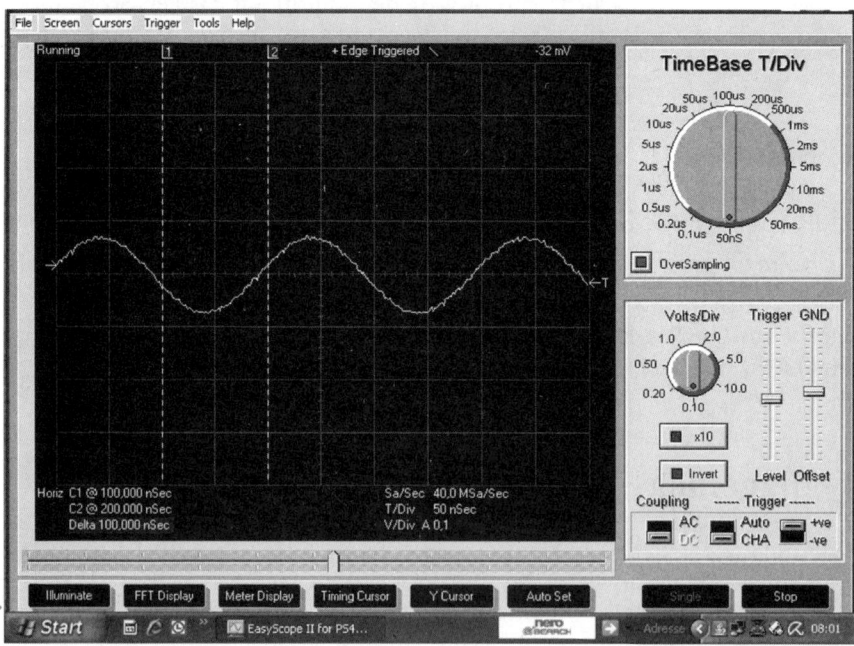

Abb. 17.4: Das 100-mV-Testsignal mit 5 MHz bei 1 GS/s repetitiv

17.5 Flankendarstellung

Ein analoges Oszilloskop mit 3,8 MHz Grenzfrequenz hat eine Eigenanstiegszeit von 92 ns (0,35/3,8 MHz). In *Abb. 17.5* sehen wir, dass das PS40M10 schneller ist. Mit dem 10-ns-Rechtecksignal legt es Anstiegs- und Abfallzeiten um 50 ns hin.

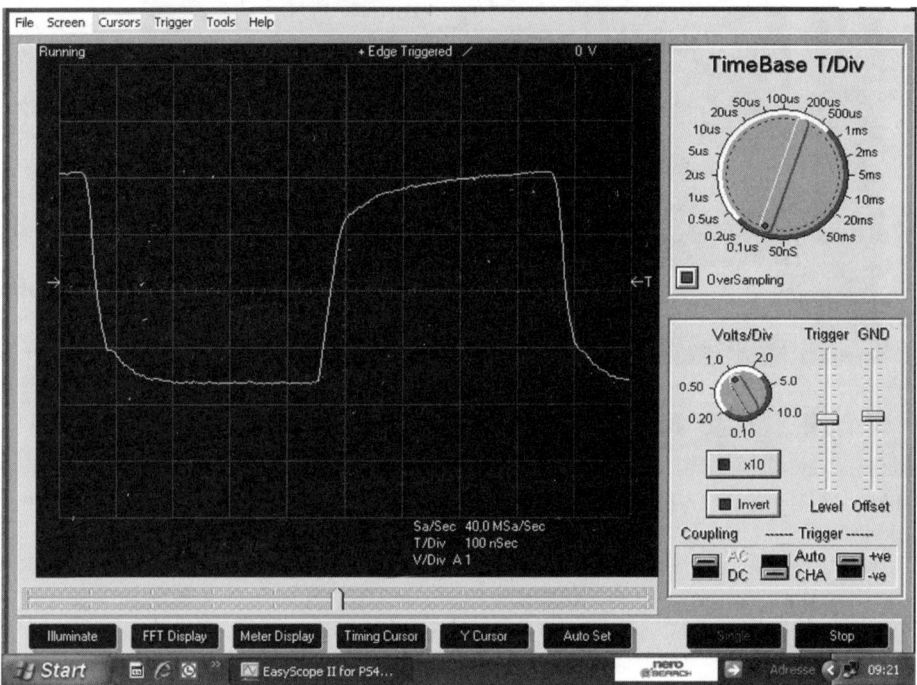

Abb. 17.5: Darstellung des 10-ns-TTL-Testsignals

17.6 FFT

Die Spektrum-Analysefunktion mit ihren 1.024 Punkten Auflösung gibt sich recht bescheiden, das Fenster ist nur 10 MHz breit. Vertikal ist nicht wie üblich logarithmisch, sondern linear in Millivolt eingeteilt. Daher muss man in vielen Fällen für die zu vergleichenden Größen den optimalen Maßstab wählen. Die Grundwelle des Messgeneratorsignals 1 V/2 MHz wurde mit etwa 600 mV dargestellt (*Abb. 17.6*), die erste Oberwelle mit etwa 20, die zweite mit etwa 35 mV ermittelt (*Abb. 17.7*). Dies entspricht Abständen von 30 bzw. 25 dB.

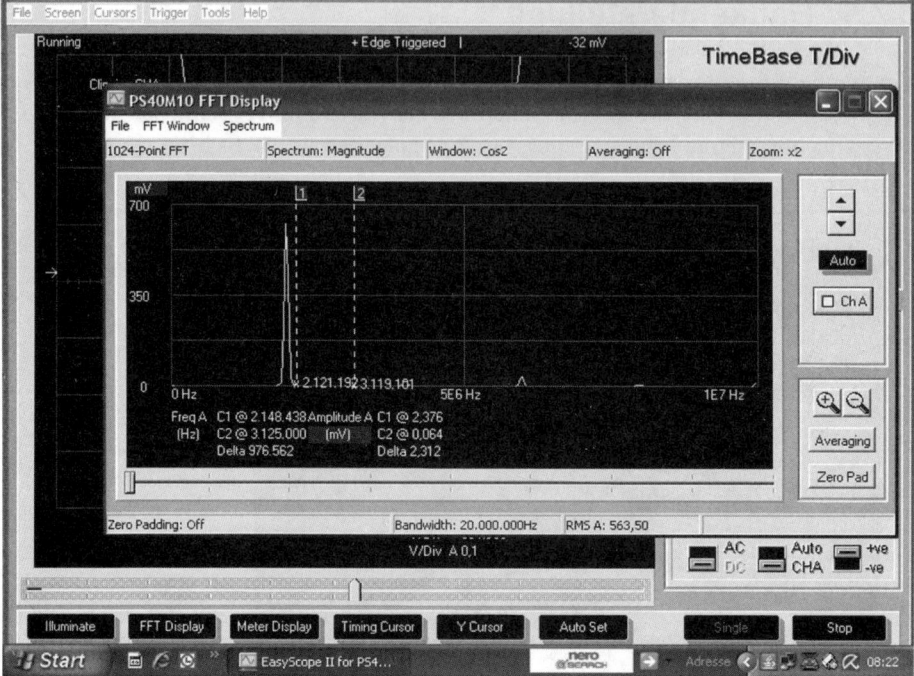

Abb. 17.6: Bei vollständiger Darstellung der Grundwelle 2 MHz sind die Oberwellen nicht erkennbar.

17.7 Fazit

Das PS40M10 ist besonders für den Hobbyisten und die Ausbildung interessant, denn die geringe Bandbreite sowie der relativ hohe Triggerlevel erlauben kaum ambitionierte Einsätze. Dem vorgesehenen Anwenderkreis entspricht nicht nur die sehr übersichtliche Bedienoberfläche, sondern auch das Angebot an Zusatzfunktionen perfekt.

Mit diesem multifunktionalen „Scope" lässt sich besonders schön experimentieren und lernen. Ein Druck auf den länglichen Tastschalter am Gerät friert das Bild ein, man kann sich voll auf das Messen konzentrieren. Dieses bereitet durch die schlanke, ergonomische Form und die federnde Tastspitze keinerlei Probleme.

Statt der LEDs vorn könnte der Hersteller eine lichtkräftige weiße LED einsetzen, die die Tastspitze vorn bestrahlt und somit hilfreich den Ansatzpunkt/Messpunkt in der Schaltung beleuchtet.

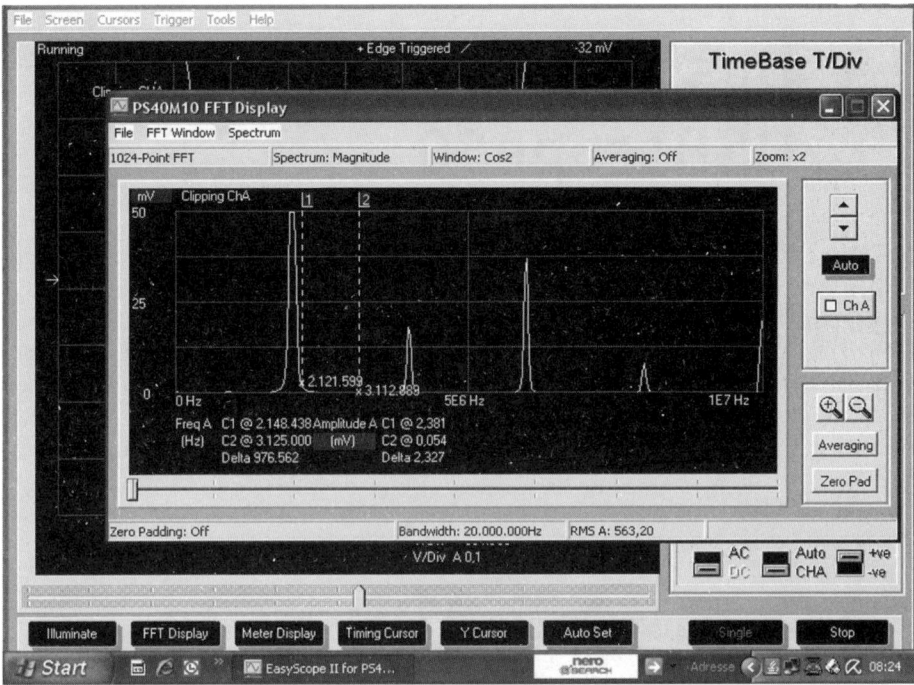

Abb. 17.7: Darstellung der Oberwellen bei „geclippter" Grundwelle

18 Das Mini-Scope USBscope50

Das kleine *USBScope50* (*Abb. 18.1*) misst über insgesamt 10 cm. Es wird von der englischen Firma Elan Digital Systems gefertigt, die auf Ihrer Website www.elandigitalsystems.com viele Infos sowie Frequently Asked Questions (FAQ) und ihre Antworten bereithält. Das USBscope50 ist bei Conrad und Testec Elektronik erhältlich und kostet etwa 350 Euro. Es kommt mit einem USB-Kabel „A auf B". Für den Anschluss an den PC benötigt man wahrscheinlich ein anderes Kabel. Die 38-seitige PDF-Beschreibung/Anleitung in Deutsch und Englisch auf der CD liefert alle wichtigen Informationen.

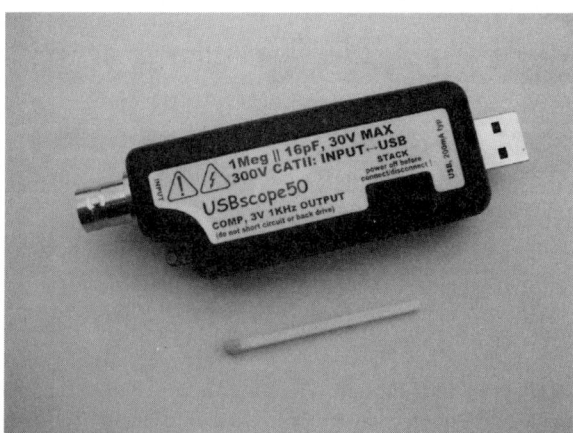

Abb. 18.1: Das Mini-Scope USBscope50

18.1 Wichtige technische Daten

Das Gerät zeichnet sich im Wesentlichen durch folgende Eigenschaften aus:

- native Abtastrate 50 MS/s
- repetitive Abtastrate 1 GS/s
- Auflösung 8 bit
- Auto- und Normal-Hardware-Triggerung
- Speichertiefe 3 kB
- max. Eingangsspannung 30 V
- Rechteckausgang 3 V/1 kHz

- Abmessungen 33 x 18 x 75 mm³
- Masse 42 g
- Betriebssystem Windows 98 Se, Me, 2K, XP
- FFT

18.2 Besonderheiten

Das unscheinbare USB-Scope weist einige Besonderheiten auf:

Opto-Isolation

Zwischen Ein- und Ausgang besteht keine galvanische Verbindung. Die Massepunkte von BNC-Buchse und USB-Stecker sind völlig getrennt. Das ist vorteilhaft für die Sicherheit (daher CAT II 300 V).

Optionale Prüfspitzen

Optional sind preiswerte Prüfspitzen erhältlich, die das USBscope50 zum Hand-Scope machen.

Stapel-Modus

Jedes USBScope50 kann mit typgleichen Scopes zusammengesteckt werden, um die Anzahl der Kanäle zu erweitern. Hierzu sind optionale „Stapeleinheiten" erforderlich.

MIS(Multi-Independent-Scope)-Modus

In diesem Modus arbeiten mehrere USBscope50 unabhängig voneinander an einem Computer.

Automatische Umschaltung des Abtastmodus ...

... ab einschließlich 100 ns/div RIS (Random Interleaved Sampling)

FFT

Bei der Programminstallation muss man eventuell aufpassen: Das Programm *setup* ist zu starten. Bei Testec will man diese kleine Irritation noch beseitigen.

18.3 Bandbreite

3-dB-Bandbreite an 50 Ohm und „verzerrungsfreie Bandbreite" fallen zusammen und liegen sehr genau bei 50 MHz. *Abb. 18.2* zeigt das 100-m-V-Sinussignal mit 50 MHz, *Abb. 18.3* mit 75 MHz, der Analogbandbreiten-Angabe aus den Unterlagen.

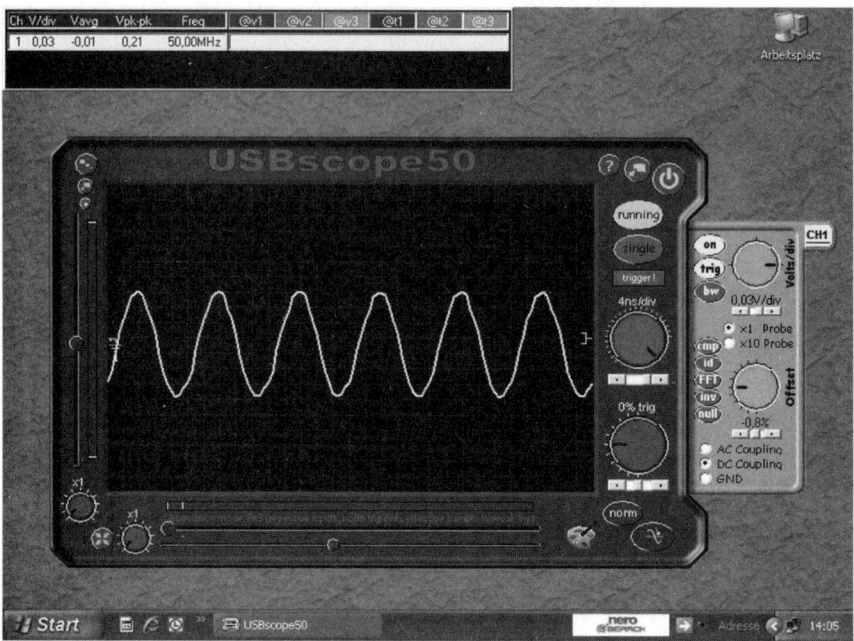

Abb. 18.2: Bei 50 MHz ist der Sinus gerade noch akzeptabel.

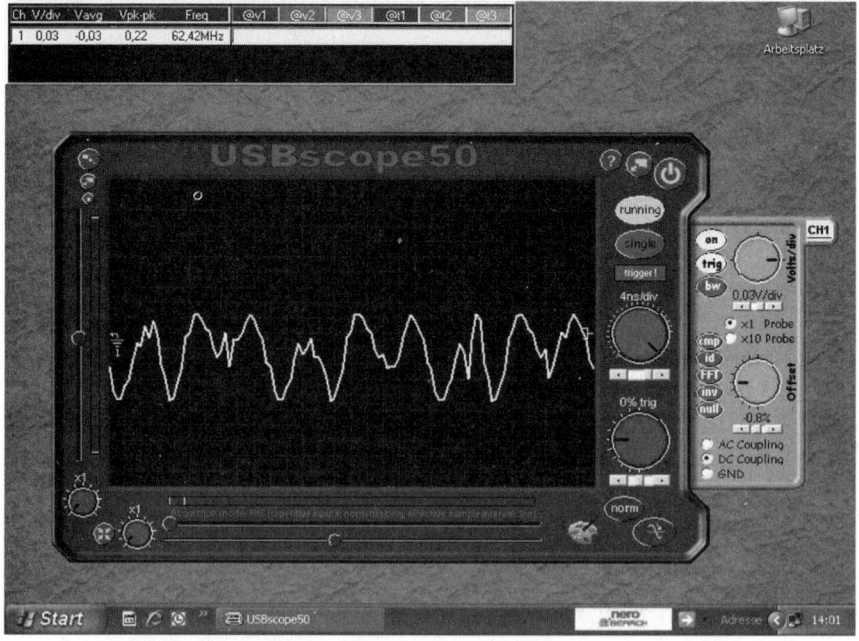

Abb. 18.3: Darstellung eines Sinussignals 75 MHz/100 mV

Der Frequenzgang läuft bis 50 MHz praktisch lehrbuchmäßig. Bis 10 MHz braucht man also keinen Korrekturfaktor für die Amplitudenermittlung anzuwenden. Links oben werden Spitze-Spitze-Spannung und Frequenz angezeigt. Erstere immer nur richtig, wenn man im optimalen Messbereich (0,03, 0,3 oder 3 V/div) misst. Die Eingangskapazität des Kleinen ist mit 15 pF relativ gering.

18.4 Triggerung

Im Triggermodus normal/steigende Flanke wurden folgende Mindestsignalspannungen (Sinus, Effektivwerte) ermittelt:

- 10 MHz: 25 mV
- 50 MHz: 40 mV

18.5 Flankendarstellung

Abb. 18.4 bringt die Darstellung des 10-ns-TTL-Signals vom entsprechenden Prüfgenerator. Ein Kästchen ist 40 ns breit, die Darstellung ist somit perfekt.

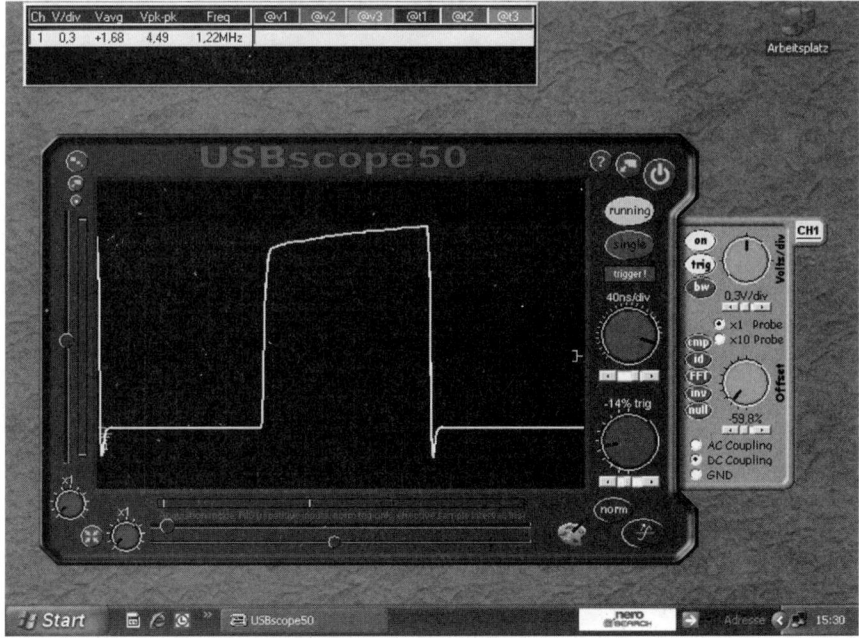

Abb. 18.4: Die Rechtecksignal-Darstellung ist in Ordnung.

18.6 FFT

Mit 2.048 Punkten und etwa 500 MHz Bandbreite beeindruckt die Fast-Fourier-Transformation. Mit 54 dB vertikalem Spielraum wird zwar kein Spitzenwert erzielt, ausreichend für viele Fälle sollte es aber sein. Die Funktion wurde mit 2 V/10 MHz getestet (*Abb. 18.5*). Die zweite Oberwelle ist normalerweise die stärkste, das zeigt sich auch hier. Der Abstand beträgt etwa 40 dB. Mit 2 V im 3-V-Bereich dürfte der Verstärker noch sicher im linearen Bereich arbeiten.

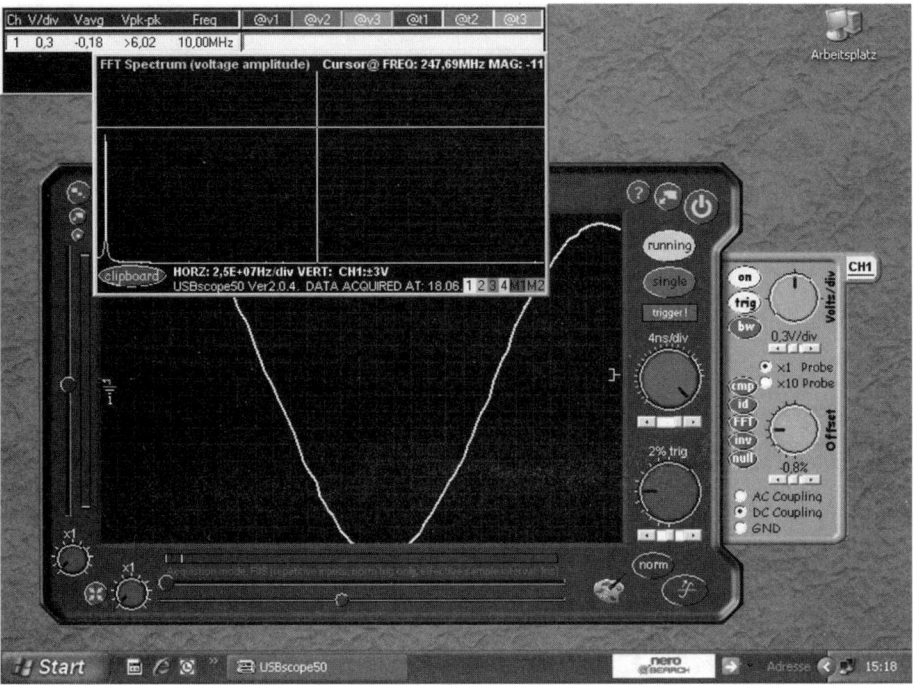

Abb. 18.5: Links oben die FFT-Darstellung des Messgeneratorsignals 10 MHz/2 V im größten Eingangsspannungsbereich. Die zweite Oberwelle (30 MHz) hat 40 dB Abstand.

18.7 Fazit

Das USBscope50 konzentriert insbesondere mit beachtlichen 50 MHz Bandbreite und der frequenzmäßig großzügigen FFT-Funktion eine beeindruckende Leistungsfähigkeit in sehr kleinem Volumen. Die optische Isolation ist ein weiteres dickes Plus für die Praxis.

Die Stapelfähigkeit und unabhängige Multifunktionalität ist zwar ein weiteres reizvolles Feature, führt jedoch durch den Zukauf kompletter Geräte in preislich nicht sehr attraktive Bereiche.

Beim Kauf sollte man auch die optionalen Tastspitzen bestellen und prüfen, ob das mitgelieferte A/B-USB-Kabel passt.

19 Das Standard-USB-Scope RedScope

Das *RedScope* (*Abb. 19.1*) ist die für Meilhaus gefertigte Version des *PicoScope 2205* von Pico Technology, England (www.picotech.com). Es wird mit umfangreichem Zubehör, darunter zwei Tastköpfen, in einer schwarzen Stofftasche geliefert (*Abb. 19.2*).

Abb. 19.1: Blick von oben auf das RedScope

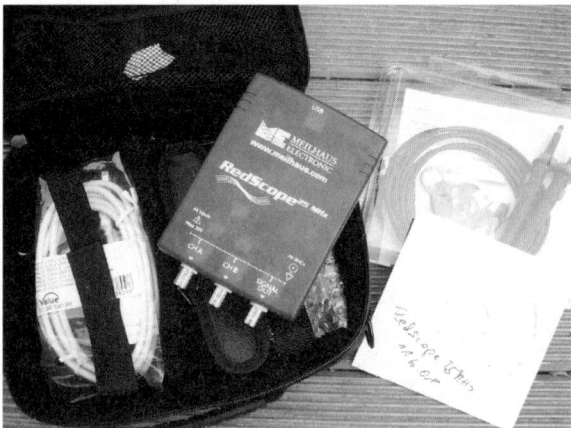

Abb. 19.2: Das RedScope mit allem Zubehör

19.1 Wichtige technische Daten

Das zweikanalige Gerät zeichnet sich im Wesentlichen durch folgende Eigenschaften aus:

- Nennbandbreite 25 MHz
- native Abtastrate 50 S/s bis 200 MS/s
- repetitive Abtastrate 4 GS/s
- Dynamikbereich 48 dB
- automatische Messbereichsumschaltung
- neun Triggermöglichkeiten
- Speichertiefe 16.000 Samples
- max. Eingangsspannung +/-20 V
- Abmessungen 100 x 150 x 37 mm^3
- Masse 210 g
- Betriebssystem W XP, SP2 oder Vista
- Signalgenerator
- FFT

19.2 Besonderheiten

Die native Abtastrate ist in einem enorm großen Bereich von 50 S/s bis 200 MS/s schrittweise einstellbar. Beim RedScope sollte man beachten, dass sich die native Abtastrate gewissermaßen bei Nutzung des zweiten Kanals auf beide Kanäle verteilt. Dann sind maximal 100 MS/s pro Kanal möglich. Ebenso gilt die Speicherkapazität für beide Kanäle.

Der Signalgenerator liefert neben Sinus, Dreieck und Rechteck auch eine Rampenspannung. Das RedScope benötigt bis zu 500 mA aus der USB-Schnittstelle.

19.3 Bandbreite

Der Nennwert wurde an 50 Ohm nicht ganz erreicht, der −3-dB-Punkt lag bei 22 MHz. Berücksichtigt man maximal 20 pF Eingangskapazität entsprechend etwa 400 Ohm Blindlast bei 20 MHz, kann der Nennwert 25 MHz bestätigt werden. Aber nicht nur bei diesem Wert (*Abb. 19.3*), sondern auch beim doppelten Nennwert 50 MHz hat das RedScope praktisch noch keine Schwierigkeiten, ein Sinussignal als solches erscheinen zu lassen (*Abb. 19.4*). Allerdings ist der Amplitudenabfall sehr stark: Während beim wünschenswerten Frequenzgang eines RC-Tiefpasses bei doppelter Grenzfrequenz die Amplitude etwa mit Faktor 2,5 zu korrigieren wäre, ist beim RedScope etwa Faktor 7 anzusetzen (44 MHz). Das Umschalten auf Zweikanalbetrieb und ein Sinussignal am zweiten Eingang änderte an diesem Verhalten nichts.

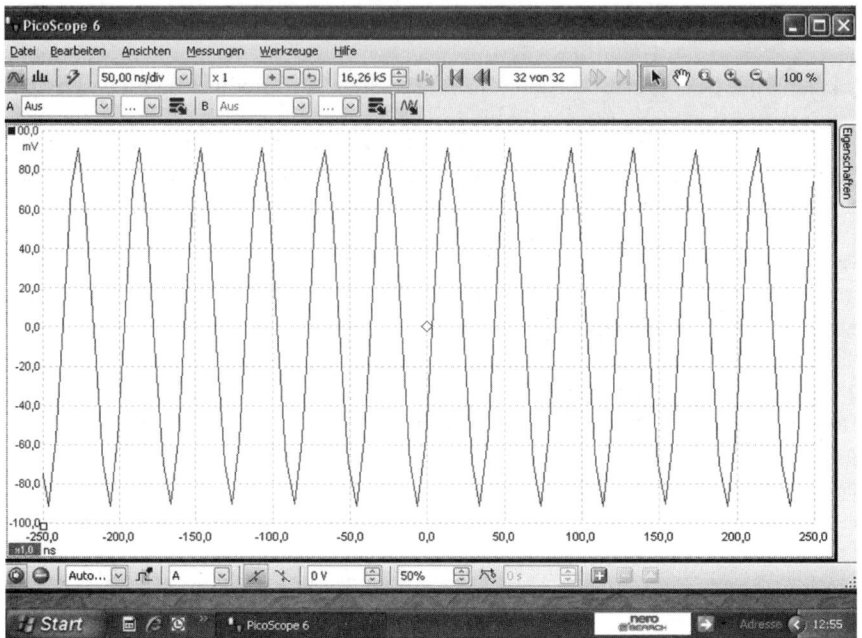

Abb. 19.3: Darstellung des 25-MHz-Testsignals

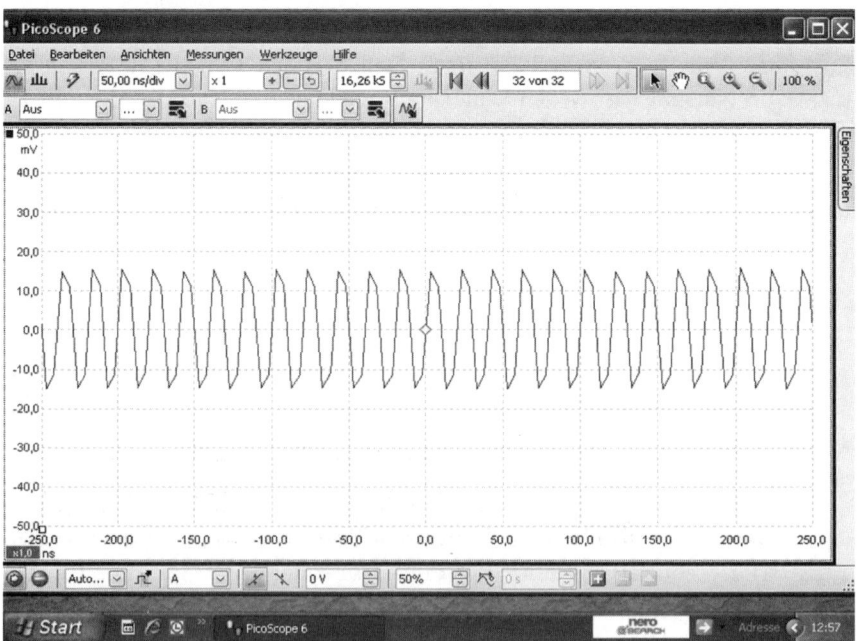

Abb. 19.4: Darstellung des 50-MHz-Testsignals

19.4 Triggerung

Im Triggermodus auf normal/steigende Flanke sind Signalspannungen unter 1 mV möglich – auch bei 50 MHz. Das ist eine sehr gute Leistung, denn nun scheitert die Darstellung sehr kleiner Signale nicht mehr an der Triggerfähigkeit, sondern an der Vertikalempfindlichkeit des Scopes. Spannungen von 1 mV kann es gerade noch mit akzeptabler Genauigkeit abbilden.

19.5 Flankendarstellung

Mit 22 MHz Grenzfrequenz hat ein analoges Scope eine Strahlanstiegszeit von 16 ns (Formel: 0,35/22 MHz). Die quadratische Addition mit der Anstiegszeit von 10 ns des Rechteckgenerators führt auf einen Gesamtwert von 19 ns. Dieses liefert das RedScope recht genau, wie in *Abb. 19.5* ersichtlich ist.

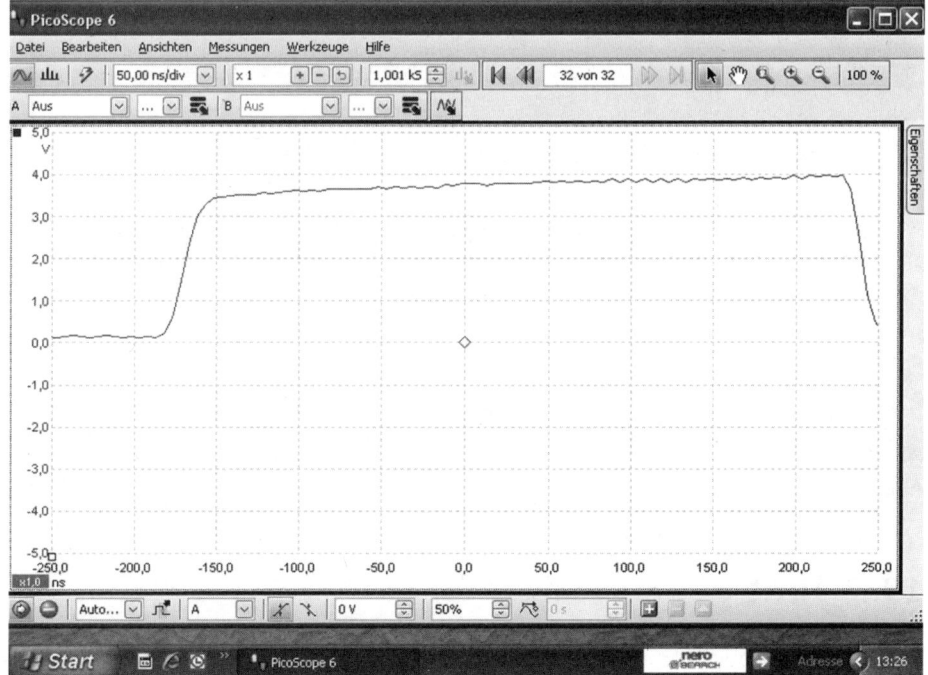

Abb. 19.5: Das TTL-Testsignal wird richtig dargeboten.

19.6 FFT

Das FFT-Fenster nutzt wie das Scope-Fenster fast den ganzen Bildschirm und ist 25 MHz breit. Mit 120 dB beeindruckt die vertikale Dynamik (10 Kästchen, je 12 dB hoch).

Abb. 19.6 zeigt den Test-Screenshot. Bei 1 V/5 MHz wurde die erste Oberwelle mit 38 dB Abstand stärker angezeigt als die zweite (44 dB). Das steht leider nicht im Einklang mit der entsprechenden Theorie/Mathematik. Bei 100 mV war die Lage ähnlich, bei 10 mV wurde „Gleichstand" erreicht.

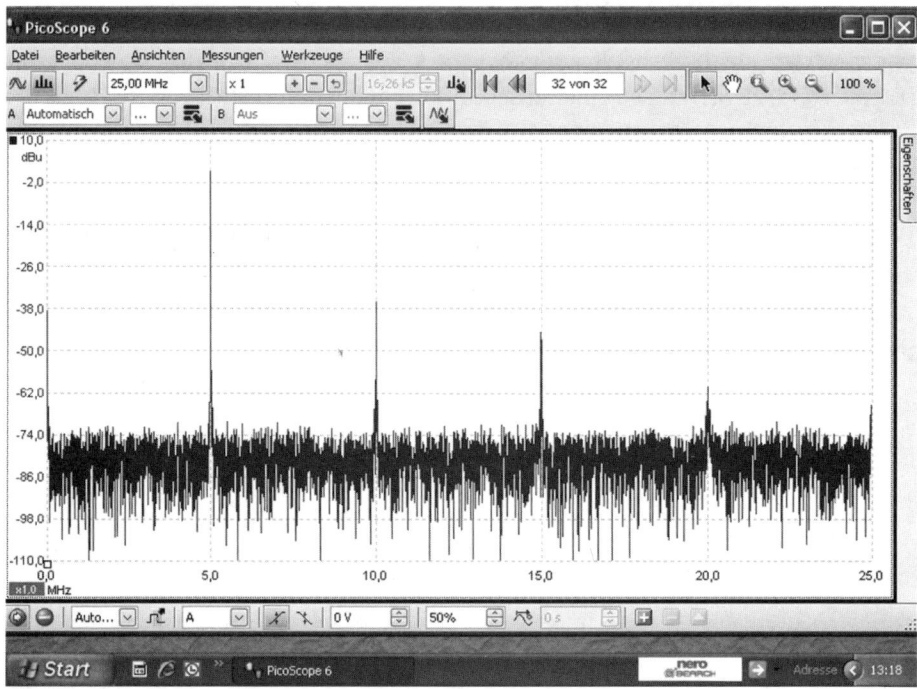

Abb. 19.6: Das FFT-Fenster mit dem Sinus-Testsignal 1 V

19.7 Fazit

Mit dem RedScope kommt man aufgrund des großen „Sichtfensters" und der von Windows/Word her gewohnten „Leistenbedienung" recht gut zurecht. Die automatische Umschaltung der vertikalen Empfindlichkeit erleichtert die Anwendung erheblich.

Nutzt man eine selbst erstellte Tabelle oder ein selbst gezeichnetes Diagramm mit Korrekturfaktoren, kann man Amplituden von Sinusspannungen weit über 25 MHz mit guter Genauigkeit ermitteln – bis herab zu etwa 1 mV. Das erschließt viele praktische Messmöglichkeiten.

Der eingebaute Signalgenerator liefert vier Signalformen mit maximal 100 kHz für die Überprüfung von Niederfrequenzschaltungen.

20 Das Scope DSO-2150 USB

Geräte der Marke Voltcraft gibt es exklusiv bei Conrad. Das trifft auch auf das DSO-2150 USB zu. Es ist ein leistungsstarkes Zweikanal-Scope, das die preiswerten Einsteigergeräte der Serie 2000 nach oben ergänzt, aber auch noch einen großen Bruder hat: das *DSO-2250 USB* mit mehr Speicherkapazität, 100 MHz Nennbrandbreite und 250 MS/s Abtastrate. All diese Geräte gibt es zu einem attraktiven Preis. Beim DSO-2150 USB liegt der bei 350 Euro.

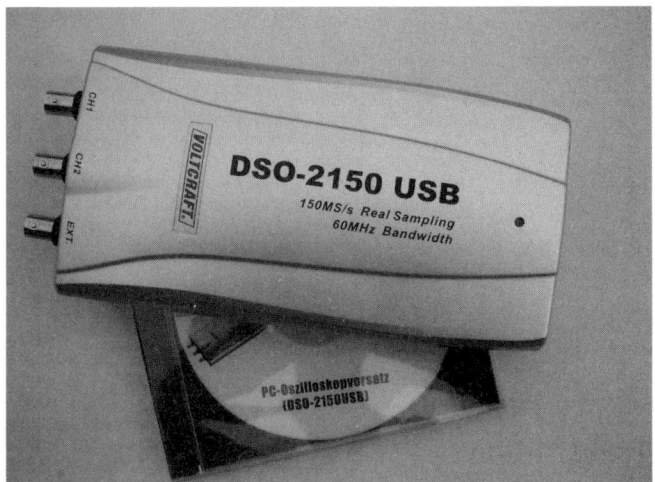

Abb. 20.1: Das DSO-2150-USB kommt im silbernen Plastikgehäuse.

20.1 Wichtige technische Daten

Das DSO-2150 USB (*Abb. 20.1*) zeichnet sich im Wesentlichen durch folgende Eigenschaften aus:

- Nennbandbreite 60 MHz
- native Abtastrate 150 MS/s
- Auflösung 8 bit
- Triggerung normal, auto und single
- Speichertiefe 64.000 Samples
- max. Eingangsspannung 35 V_{eff}

- externe Triggermöglichkeit
- Kalibrierausgang 1 kHz
- XY-Betrieb
- Abmessungen (190) 208 x 100 x 33 mm³
- Masse 280 g
- Betriebssystem W 98 SE und höher

20.2 Besonderheiten

Die Speicherkapazität teilt sich bei Nutzung des zweiten Kanals auf beide Kanäle auf (je 32.000 Samples). Das DSO-2150 USB tastet nicht repetitiv ab. Es zeichnet sich aber besonders positiv durch vier mathematische Funktionen, XY-Betrieb sowie eine minimale horizontale Skalierung von 4 ns/div aus.

20.3 Bandbreite

Der Nennwert 60 MHz wurde durch den Test bestätigt (-3 dB an 50 Ohm). Die Darstellung wirkt nicht nur an diesem Punkt etwas verzerrt (*Abb. 20.2*), sondern ist allgemein nicht besonders „rein" – ein kleiner Makel, mit dem man leben kann.

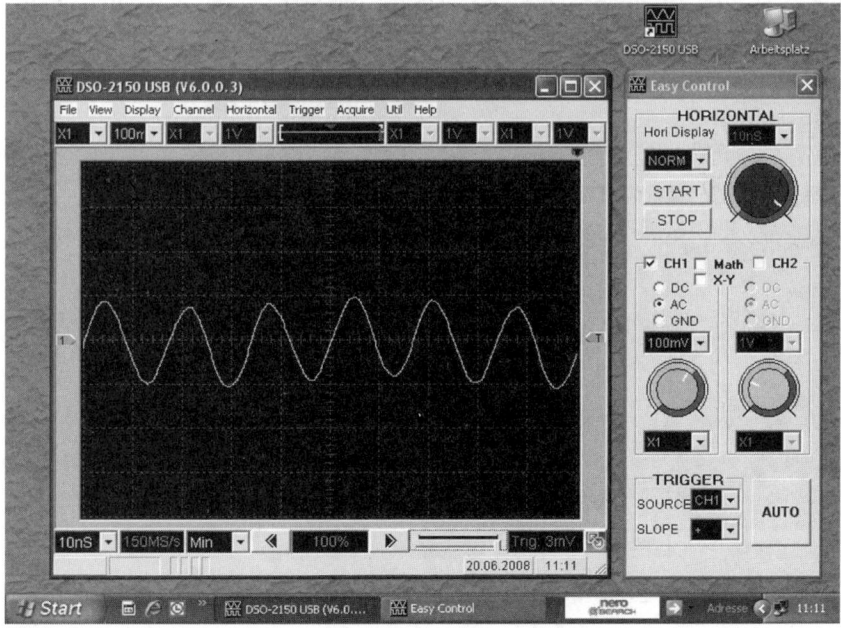

Abb. 20.2: Darstellung des Test-Sinussignals 100 mV/60 MHz

Je höher ab 60 MHz die Frequenz, desto sauberer wird der Sinus abgebildet. Bei 100 MHz ist die Amplitude auf etwa 35 % gefallen – Korrekturfaktor etwa 3 statt etwa 2 beim RC-Tiefpass am Quellwiderstand null. Trotzdem verblüfft das Ergebnis: Das Verhältnis Samplingrate zu Frequenz beträgt nämlich jetzt 1,5, sodass laut Theorie eine korrekte Abtastung nicht mehr möglich ist. Der Zweikanalbetrieb änderte an den geschilderten Verhaltensweisen nichts. Die Eingangskapazitäten der 2000er Serie werden von Conrad mit je 50 pF angegeben.

20.4 Triggerung

Im Triggermodus normal/steigende Flanke wurden folgende Mindestsignalspannungen (Sinus, Effektivwerte) ermittelt:

- 10 MHz: 1,5 mV
- 60 MHz: 1 mV

Das sind ganz hervorragende Werte.

20.5 Flankendarstellung

Durch die hohe Grenzfrequenz des Geräts werden die Flanken des Testsignals praktisch unverfälscht dargestellt – siehe *Abb. 20.3*.

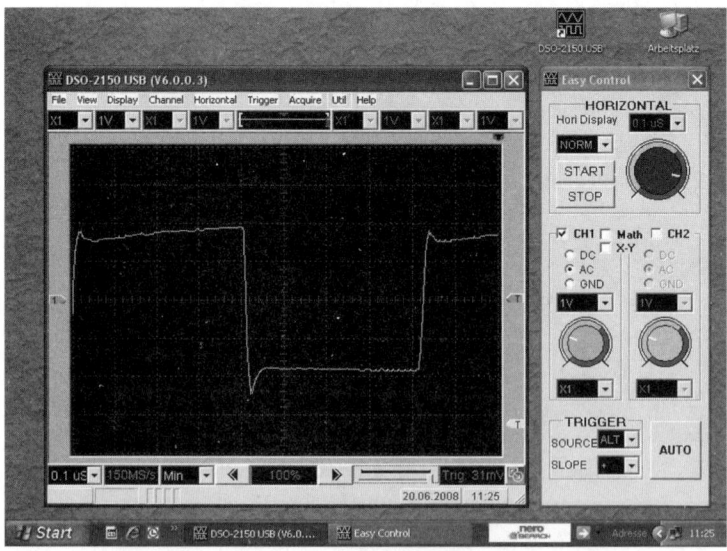

Abb. 20.3: Das TTL-Testsignal. Die vertikale Kästchenbreite beträgt 100 ns.

20.6 Fazit

Das DSO-2150 USB bietet zu einem relativ geringen Preis das, worauf es in der Praxis vor allem ankommt: Bandbreite und Empfindlichkeit. Auch ein 100-MHz-Signal (10 ns Periodendauer) kann horizontal noch sehr gut aufgelöst werden.

Es lohnt sich, in Sachen Tastkopf nicht zu sparen, damit man die Breitbandigkeit auch ausschöpfen kann.

Die zweiteilige Bedienoberfläche (Screen und Einstellungen) ist übersichtlich, wenn auch durch Doppeleinstellmöglichkeiten nicht ganz so puristisch wie die elektrische Performance des Geräts.

21 Das Standard-Scope DSO-2090 USB

Das *DSO-2090* (*Abb. 21.1*) ist ein kleinerer Bruder des *2150*. Der Unterschied liegt laut Herstellerdaten lediglich in Nennbandbreite (40 MHz) und Abtaste (100 MS/s) – und natürlich im Preis (etwa 200 Euro).

Abb. 21.1: Das DSO-2090-USB mit seinem USB-Kabel

21.1 Bandbreite, Triggerung, Flankendarstellung

Entspricht die Signalfrequenz der Nennbandbreite (40 MHz), ergibt sich ein zum DSO-2150 USB identisches Aussehen. Kein Wunder: Hier wie da beträgt das Verhältnis von Abtastrate zu Signalfrequenz 2,5. Das ist relativ wenig. Die Amplitude hat sich hier allerdings kaum reduziert. Das *2090* zeigt praktisch bis 40 MHz linear an.

Auch bei Überschreiten der Nennbandbreite verhält es sich anders als das DSO-2150 USB. Schnell wird nämlich die Darstellung völlig verzerrt (ähnlich Amplitudenmodulation), sodass höhere Regionen hier völlig tabu sind.

Hervorragend ist wieder die Triggerempfindlichkeit: 1 mV genügte bei 40 MHz.

Auch die Flankendarstellung lässt nicht zu wünschen übrig (*Abb. 21.2*). Hier kommen etwa 15 ns zusammen, was bei der 40-MHz-Einsatzbandbreite völlig in Ordnung ist.

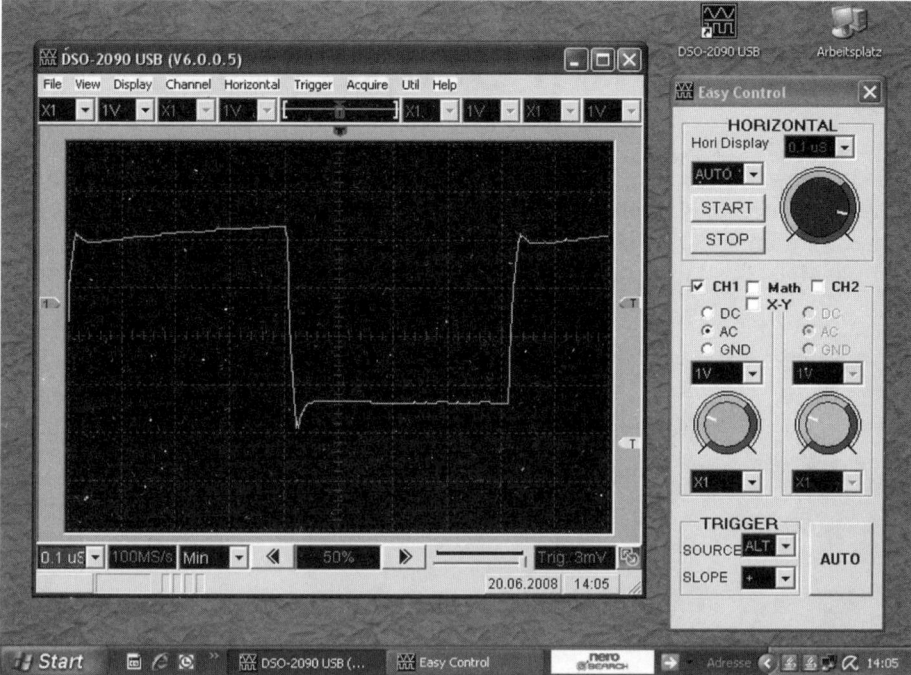

Abb. 21.2: Die vertikale Kästchenbreite beträgt 100 ns, Anstiegs- und Abfallzeit liegen bei 15 ns.

21.2 Fazit

Das DSO-2150 USB reiht sich würdig in die silberne Voltcraft-Scope-Familie ein. Im Kurzwellenbereich kann man damit praktisch ohne Amplitudenfehler messen. Das ist ein großes Plus gegenüber anderen digitalen und allen analogen Oszilloskopen mit vergleichbarer Bandbreite.

22 Das Profi-Scope M523

Aus der Slowakischen Republik von der Firma ETC (www.etcsa.com) stammt die M520-Serie mechanisch robuster und elektrisch hochwertiger USB-Scopes (*Abb. 22.1* und *22.2*). Man erhält sie bei Meilhaus Electronic. Die Bandbreiten betragen 60, 120 und 150 MHz. Das M523 zum Preis um 630 Euro markiert die „Mittelklasse".

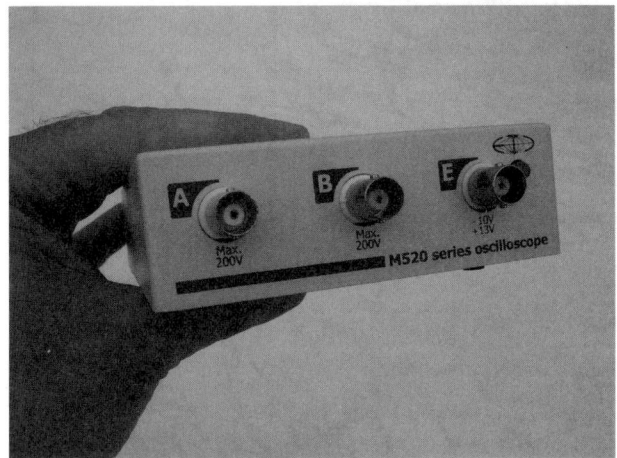

Abb. 22.1: Blick von vorn auf das M523

Abb. 22.2: Auch von unten wirkt das M523 ansprechend.

22.1 Wichtige technische Daten

Das Gerät zeichnet sich im Wesentlichen durch folgende Eigenschaften aus:

* Nennbandbreite 120 MHz
* native Abtastrate 100 MS/s
* repetitive Abtastrate 10 GS/s
* Auflösung 8 bit
* Auto-, Normal-, Dual-Level-Triggerung
* Speichertiefe 4 k pro Kanal
* max. Eingangsspannung +/-200 V_{ss} bei 100 kHz
* Abmessungen 165 x 111 x 35 mm³ (Gehäuse)
* Masse 520 g
* Betriebssystem W 98 SE, ME, 2000, XP

Für jeden Kanal steht ein eigener A/D-Wandler zur Verfügung.

22.2 Besonderheiten

Das M523 zeichnet sich durch einen sogenannten *Roll Mode* aus. Dabei wird das Signal nicht von links nach rechts, sondern von rechts nach links auf den Bildschirm „geschrieben". Langsame Amplitudenänderungen werden wie bei einem Streifenschreiber dargestellt.

Ein eventueller Speicherüberlauf wird mit einer vertikalen roten Linie signalisiert. Mathematische Funktionen und XY-Betrieb fehlen am M523 nicht. Man kann vertikal bis auf 5 ns/div einstellen.

22.3 Bandbreite

Abb. 22.3 zeigt die Darstellung des 100-mV-Testsignals mit 100 MHz. Der Amplitudenfehler liegt bei 20 %. Bei 120 MHz, der Nennbandbreite, sind 3 dB (29 %) zu vermuten.

Abb. 22.4 zeigt den Bildschirm bei Darstellung von je 30 mV/100 MHz im Zweikanalbetrieb. Hierbei gibt es nichts zu beanstanden. Die kanaleigenen A/D-Wandler gewährleisten das.

Der numerischen Spannungsanzeige des M523 sollte man nicht blind vertrauen – der abgebildete Schwingungszug geht vor die ausgegebenen Zahlen.

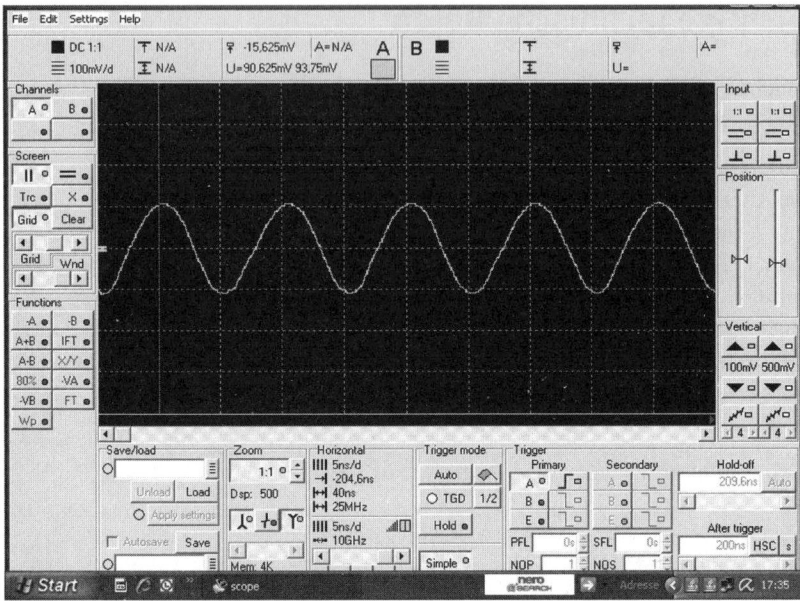

Abb. 22.3: Sauberes Nachzeichnen des 100-MHz-Testsignals

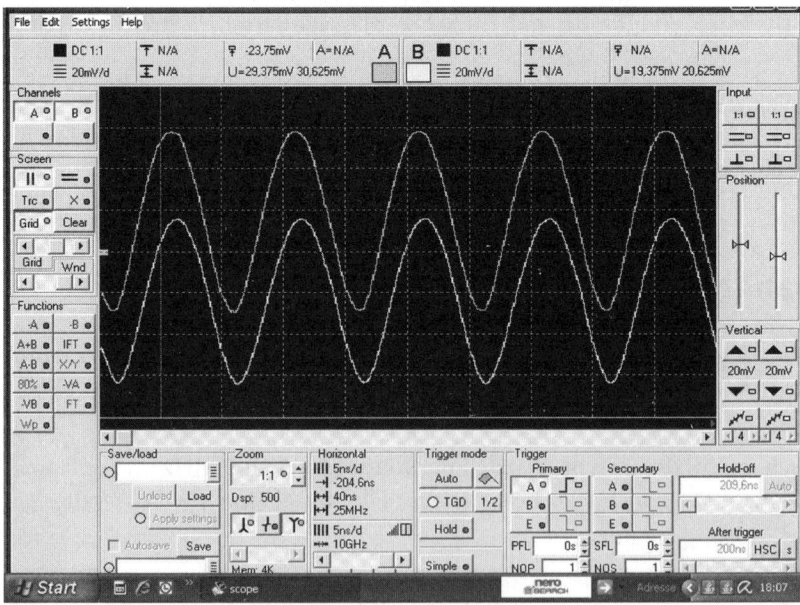

Abb. 22.4: Keine Einschränkung in der Darstellungsqualität bei Zweikanalbetrieb und Pegelverkleinerung

22.4 Triggerung

Im Triggermodus normal/steigende Flanke wurden folgende Mindestsignalspannungen (Sinus, Effektivwerte) ermittelt:

- 10 MHz: min. 1 mV
- 100 MHz: 3 mV

22.5 Flankendarstellung

Abb. 22.5 bringt die Darstellung des Test-Rechteckimpulses. Wie bei der hohen Bandbreite und dem MFED-Frequenzgang zu erwarten, ist diese Darstellung korrekt.

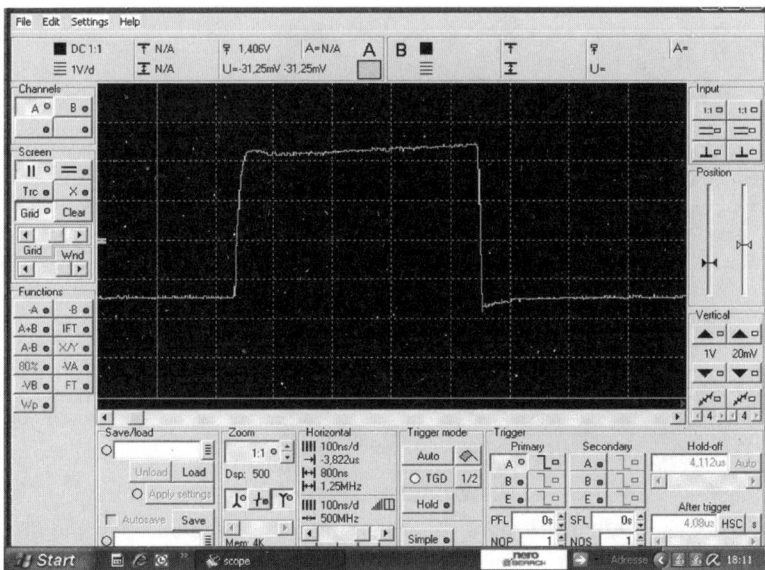

Abb. 22.5: Der Rechteckimpuls wird originalgetreu abgebildet.

22.6 Fazit

Das M523 wurde auf die Bedürfnisse des qualifizierten HF-Technikers ausgerichtet. Es kann diesbezüglich rundum überzeugen: Bezüglich Bandbreite, Bedienoberfläche, Speichertiefe und Verarbeitung erreicht der Slowake Bestnoten.

Zusätzlich sympathisch ist die Preiswürdigkeit: Man erhält quasi 10 MHz Bandbreite für etwa 50 Euro. Schön, dass hier auch der Kunde vom günstigen Einkaufspreis beim Hersteller profitieren kann.

23 Das Profi-Scope CleverScope 328

Unter der Bezeichnung *CleverScope* gibt es bei Meilhaus Electronic eine ganze Palette von Highend-USB-Oszilloskopen in der Preisspanne von etwa 1.000 bis 1.900 Euro. Die Geräte haben 10, 12 oder 14 bit Auflösung. Sie stammen aus Neuseeland von der gleichnamigen Firma (www.cleverscope.com) und werden auf der mitgelieferten CD insbesondere in der Anwendung ausführlich beschrieben.

Abb. 23.1: Das CleverScope 328 mit Netzteil, Anschlüssen für die Digitalbuchsen und CD

23.1 Wichtige technische Daten

Das CleverScope 328 (*Abb. 23.1*, *23.2* und *23.3*) besitzt ein Plastikgehäuse und hat folgende wichtigen technischen Daten:

- Nennbandbreite 120 MHz (-3 dB)
- native Abtastrate 100 MS/s (simultan)
- repetitive Abtastung 1,5 GS/s
- Auflösung 10 bit
- hochflexible Triggerung, auch mixed

- externe Triggerung
- Speichertiefe 4 MS pro Kanal
- max. Mess-Eingangsspannung 80 V
- max. Eingangsspannung 300 V_{eff}
- Rechteckausgang
- mathematische Funktionen
- XY-Betrieb
- Abmessungen 153 x 195 x 35 mm^3
- Betriebssystem W 98 Se, ME, 2K, XP
- FFT

Die FFT-Funktion stand softwaremäßig nicht zur Verfügung.

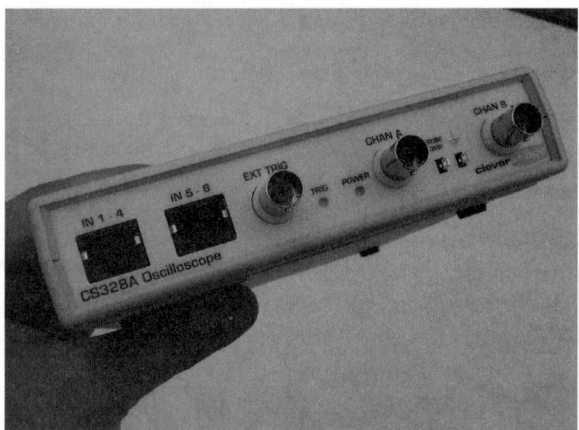

Abb. 23.2: Blick auf die Vorderseite: links die beiden Buchsen für je vier digitale Signale

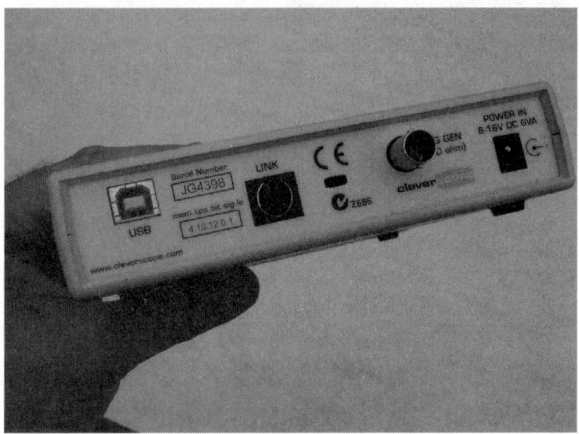

Abb. 23.3: An der Rückseite befinden sich (von links) USB-Buchse, Link-Buchse (I/O), Signalgenerator- und Netzteilbuchse

23.2 Besonderheiten

Selbstverständlich bietet ein Highend-Gerät einige Extras:

- vertikale Bereichsautomatik von +/-20 mV bis +/-400 V (full scale)
- kleinste horizontale Einstellung 0,01 ns/div
- automatischer Offsetabgleich
- acht Eingänge für Digitalsignale
- I/O-Connector (für stacking units)
- Funktionsgenerator 0,2 Hz bis 10 MHz
- 25-MHz-Filter für FFT
- Zoom-Funktion
- automatische Messungen möglich
- Betrieb mit Steckernetzteil

23.3 Bandbreite

Die –3-dB-Bandbreite bei repetitiver Abtastung wurde zu 46 MHz ermittelt (*Abb. 23.4*). Der Hersteller macht eine Bandbreitenangabe „100 MHz repetitive". Die Eingangskapazität konnte im Test nicht festgestellt werden. Bei 100 MHz weist ein üblicher Scope-Eingang eine überwiegend kapazitive Impedanz um 50 Ohm auf. Daher kann die Herstellerangabe für vernachlässigbar kleinen Quellwiderstand bestätigt werden. Das CleverScope ist an 50 Ohm repetitive darstellungsmäßig bis über 100 MHz brauchbar, wenn man den Amplitudenabfall berücksichtigt. Bei doppelter Grenzfrequenz an 50 Ohm betrug dieser 50 % (Korrekturfaktor 2) – siehe *Abb. 23.5*. Beim RC-Tiefpass an idealer Quelle liegt der Korrekturfaktor bei 2,2.

Beim nativen Abtasten wird die Bandbreite nicht durch das Kriterium „Amplitude", sondern durch das Kriterium „Verzerrung" begrenzt. Etwa bei 23 MHz, also halber –3-dB-Grenzfrequenz beim repetitiven Sampling an 50 Ohm, war die Grenze erreicht (*Abb. 23.6*).

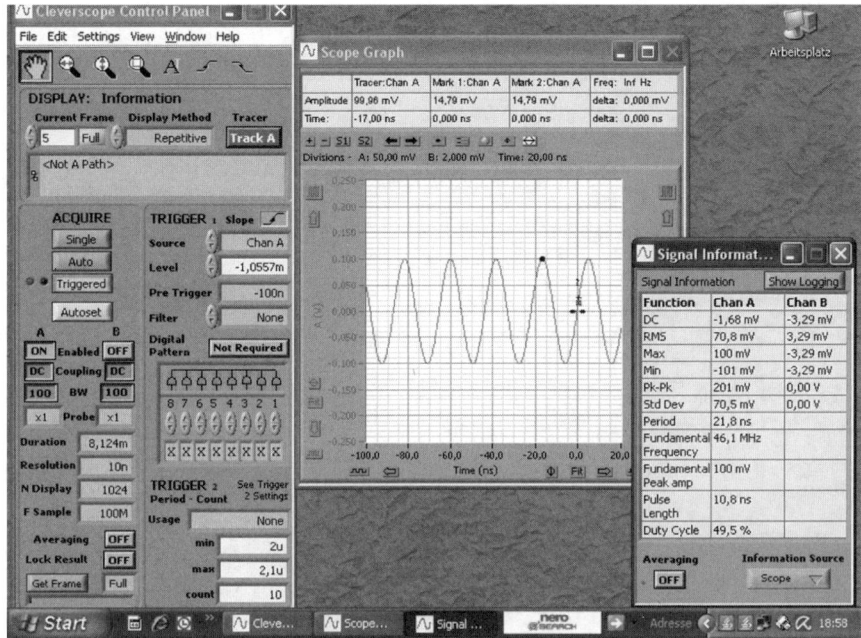

Abb. 23.4: Das repetitive abgetastete Messsignal bei 46 MHz

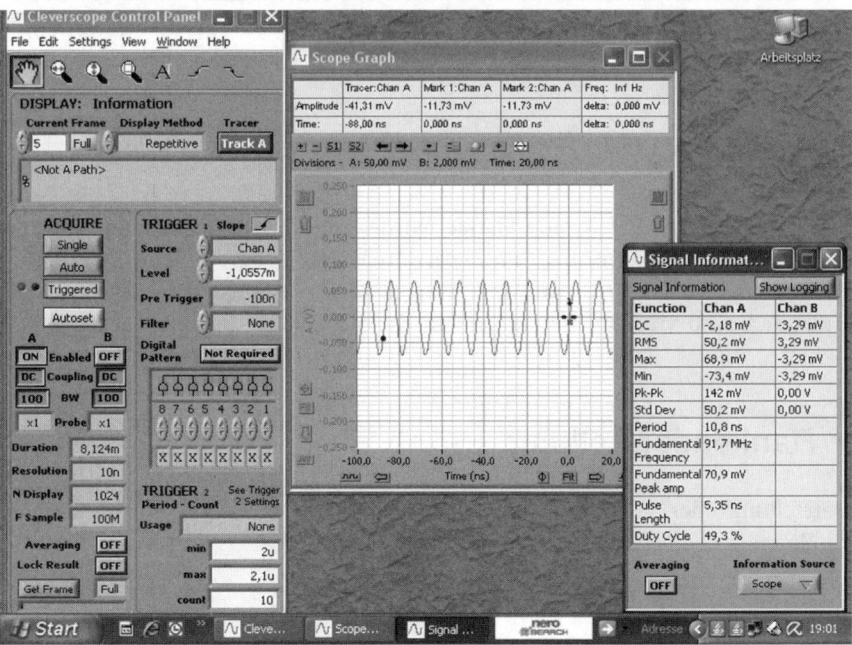

Abb. 23.5: Bei doppelter Grenzfrequenz (92 MHz) beträgt der Amplitudenrückgang 50 %.

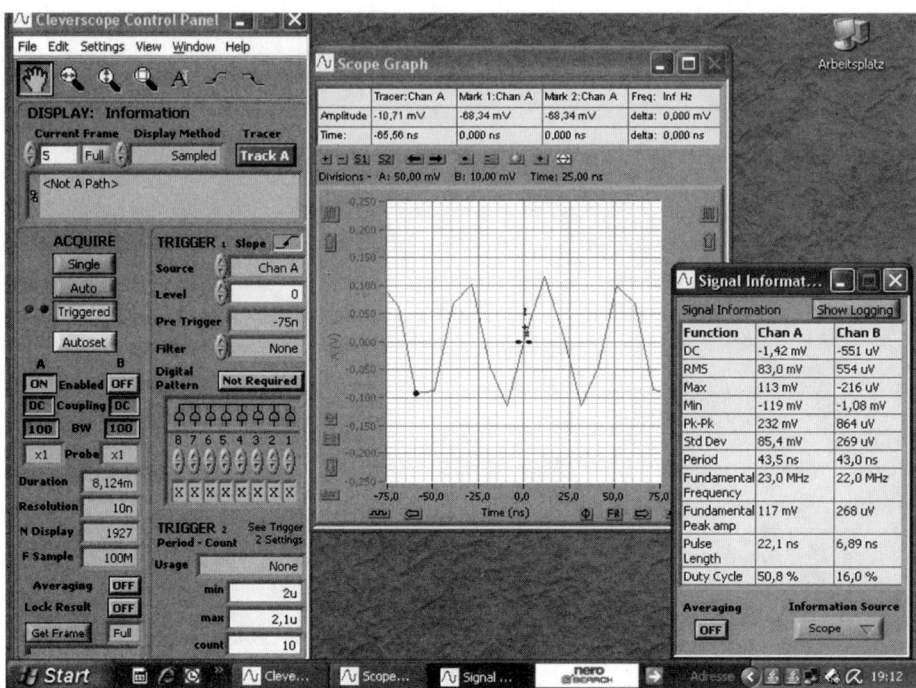

Abb. 23.6: Bei nativer Abtastung mit 100 MS/s fällt bei 23 MHz eine gewisse Verzerrung auf.

23.4 Triggerung

Im Triggermodus normal/steigende Flanke wurde eine Mindestsignalspannung (Sinus, Effektivwerte) von 1,5 mV bei 10 MHz ermittelt. Das ist ein sehr guter Wert. Man kann also auch beispielsweise Brummspannungen auf Stromversorgungsleitungen oszilloskopieren. Bei 50 MHz lag die Triggerschwelle bei 2 mV.

23.5 Flankendarstellung

Die Darstellung der Flanken des 10-ns-Testsignals erfolgte lehrbuchmäßig (*Abb. 23.7*).

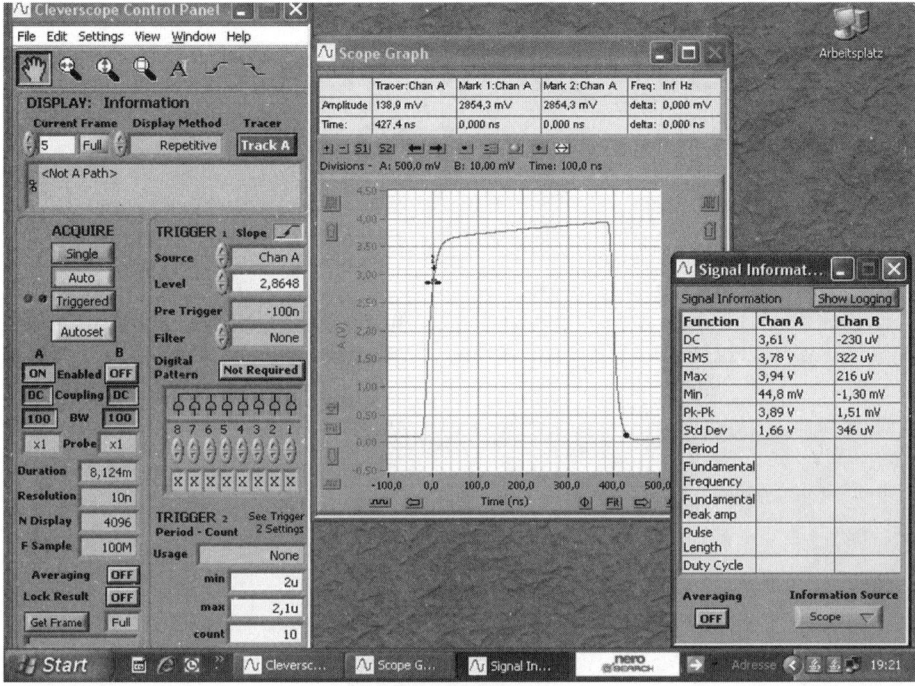

Abb. 23.7: Die Abbildung des TTL-Testpulses

23.6 Fazit

Das CleverScope 328 steht für eine Familie qualifizierter USB-Scopes mit vielen Möglichkeiten.

Bei repetitiver Abtastung bietet es etwa 100 MHz praktisch nutzbare Bandbreite, wobei ab etwa 10 MHz zur hinreichend genauen Amplitudenermittlung die üblichen Korrekturfaktoren benutzt werden können.

24 Das Highend-Scope PicoScope 5203

Das PicoScope 5203 von der englischen Firma Pico Technology (www.picotech.com) wird in einem Kunststoff-Transportkoffer ausgeliefert (*Abb. 24.1*). Darin befinden sich auch zwei Tastkopfsätze. *Abb. 24.2* zeigt den geöffneten Koffer. Der Inhalt ist insbesondere für finanzkräftige Hochfrequenz-Profis vorgesehen.

Abb. 24.1: Der graue Transportkoffer des hochwertigen Scopes

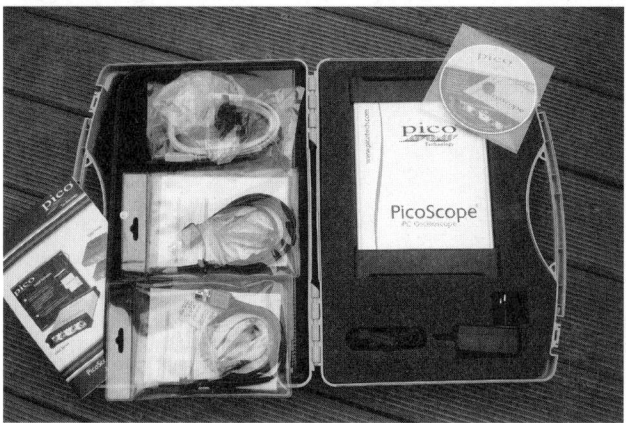

Abb. 24.2: Blick in den Koffer mit dem PicoScope-Oszilloskop und wichtigem Zubehör

24.1 Wichtige technische Daten

Dieses Zweikanalgerät (*Abb. 24.3* und *24.4*) mit Metallgehäuse zeichnet sich im Wesentlichen durch folgende Eigenschaften aus:

Abb. 24.3: Vier BNC-Buchsen (Kanäle, Triggerung, Signalgenerator) und eine blaue LED zieren die Front.

Abb. 24.4: Blick auf die Rückseite; hier sitzt u. a. die Aux-I/O-Buchse.

- Nennbandbreite mit Tastkopf 250 MHz
- native Abtastrate max. 1 GS/s bei Nutzung eines Kanals
- native Abtastrate max. 500 MS/s pro Kanal im Zweikanalbetrieb
- repetitive Abtastrate max. 20 GS/s
- Auflösung 8 bit
- Auto-, Normal-, Repeat- und Single-Triggerung

- max. Eingangsspannung +/-20 V
- Speichertiefe 32 MS bei Nutzung eines Kanals
- Abmessungen 170 x 255 x 45 mm³
- Masse 900 g
- Betriebssystem W XP, SP2 oder Vista
- Funktionsgenerator, FFT

Bandbreite und Abtastraten sind überaus beachtlich. Bei Zweikanalbetrieb stehen 16 MS/Kanal an Speicher zur Verfügung. Das PicoScope *5204* bietet 128 bzw. 64 MS/Kanal bei ansonsten identischen Daten.

24.2 Besonderheiten

Neben dem auch bei diesem Profigerät unentbehrlichen Netzteil fallen kaum Besonderheiten auf:

- Eingänge bis +/-100 V geschützt
- advanced triggers (Pulsbreite, dropout, window, delay, logic)
- Hilfseingang/-ausgang
- Zoom-Funktion
- Automatikfunktion für optimale Darstellung
- eingebauter Lüfter

Der Hersteller hat sich auf den wesentlichen Punkt konzentriert: die Bandbreite. Dazu gehört auch, dass die Eingänge mit 15 pF parallel 1 MOhm relativ kapazitätsarm sind.

24.3 Bandbreite

Abb. 24.5 ist ein Screenshot vom Automatikbetrieb (1 GS/s native). Dargestellt wird ein Signal 100 MHz/100 mV. Die Kästchen sind 5 ns breit, das Minimum. Der Amplitudenfehler ist dank kleiner Eingangskapazität und gutem Frequenzgang mit etwa −10 % gering. Im repetitiven Abtastbetrieb (ETS, equivalent-time sampling) mit 20 GS/s sieht die Darstellung erwartungsgemäß noch besser aus (*Abb. 24.6*).

Dies deutet auf einen wie bei einem analogen Scope verlaufenden Frequenzgang hin. Beträgt dann die −3-dB-Grenzfrequenz 250 MHz, so ist auch der Fehler von etwa −10 % bei 0,4 x Grenzfrequenz korrekt.

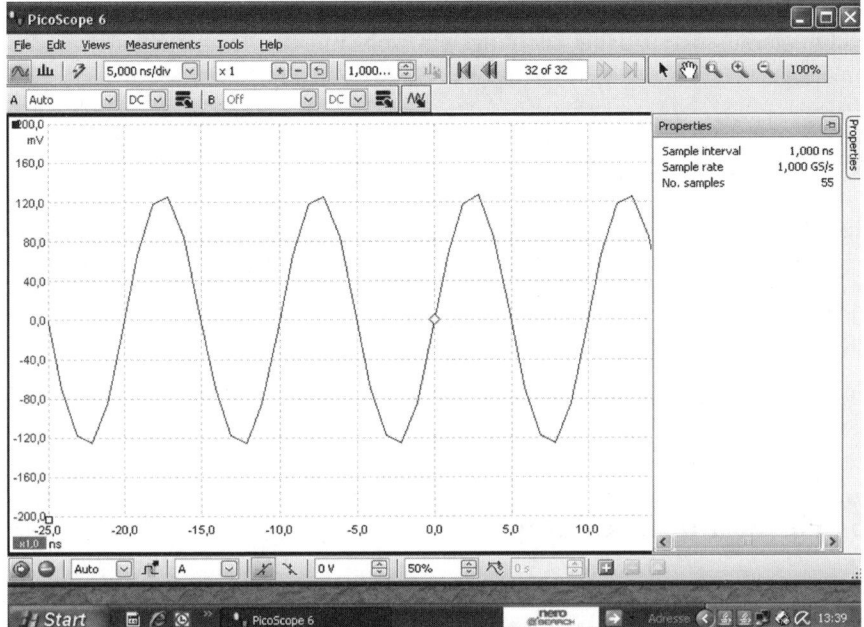

Abb. 24.5: Darstellung des Testsignals 100 mV mit 100 MHz im Automodus

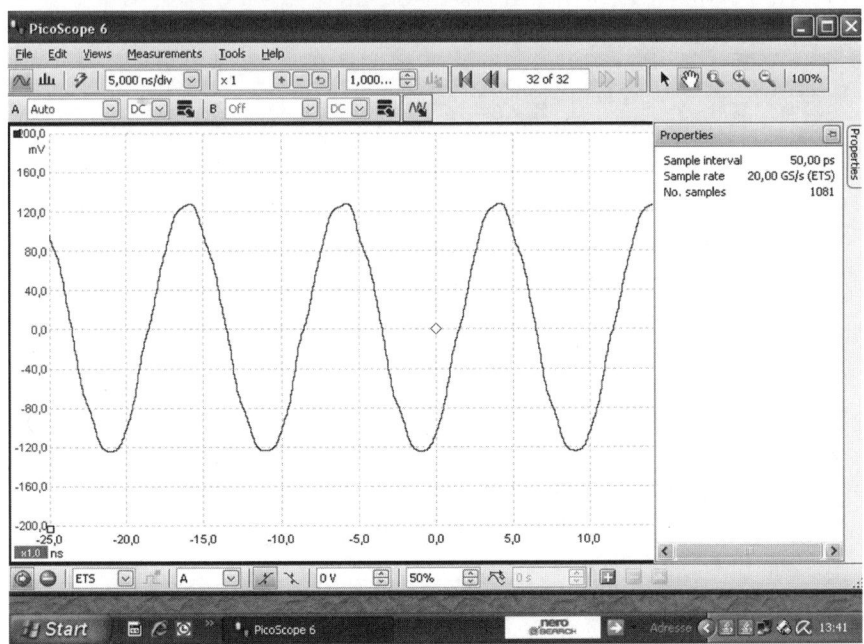

Abb. 24.6: Das Testsignal 100 MHz erscheint bei 20 GS/s repetitive fast makellos.

Im Zweikanalbetrieb konnten keine Unterschiede festgestellt werden. Zum kaum hörbaren Lüftergeräusch trat dabei allerdings ein wohl mit der Triggerung synchrones Klicken auf.

24.4 Triggerung

Im Triggermodus Automatik/steigende Flanke wurden bei 10 MHz und 100 MHz folgende Mindestsignalspannungen (Sinus, Effektivwerte) ermittelt:

- native 4 mV
- repetitive 2 mV

Das sind sehr gute Werte. Im kleinsten der acht Bereiche +/-100 mV sind solche Signale gerade noch akzeptabel darstellbar.

24.5 Flankendarstellung

Bei der Darstellung der Testflanken überzeugt das PicoScope 5203 restlos (*Abb. 24.7*). Darüber hinaus gelingt noch ein sehr schönes Abbild des gesamten Pulses.

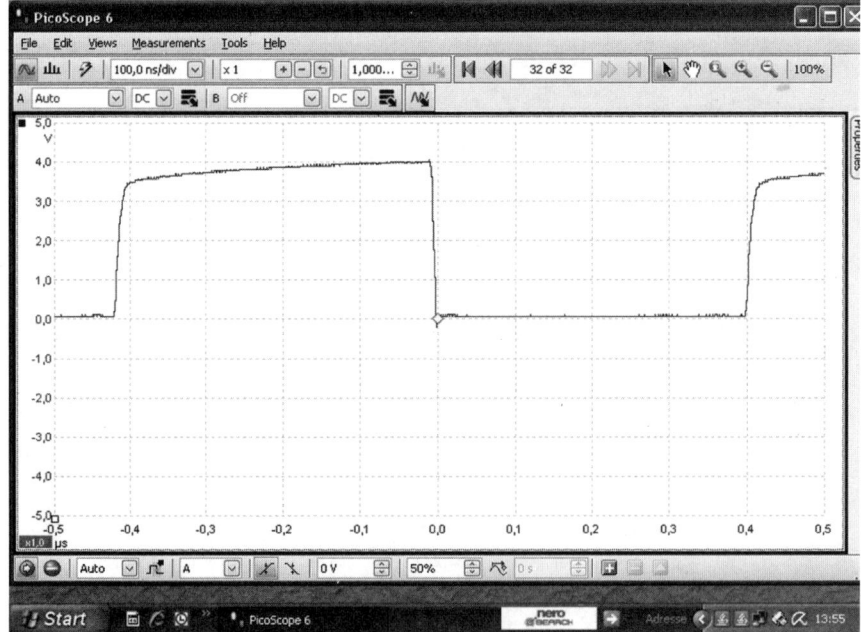

Abb. 24.7: Das TTL-Rechtecksignal macht eine gute Figur.

24.6 FFT

Das FFT-Fenster hat 125 MHz Breite und ist 140 dB hoch. Die FFT-Funktion ist sehr empfindlich, man sieht in *Abb. 24.8* unten das Eigenrauschen des DDS-Generators mit etwa −110 dBμ. Die zweite Oberwelle wird als stärkste korrekt angezeigt. Der Abstand zur Grundwelle beträgt 46 dB. Mit diesen Eigenschaften braucht sich die Darstellung im Frequenzbereich (FFT) vor der im Zeitbereich (Scope) nicht zu verstecken.

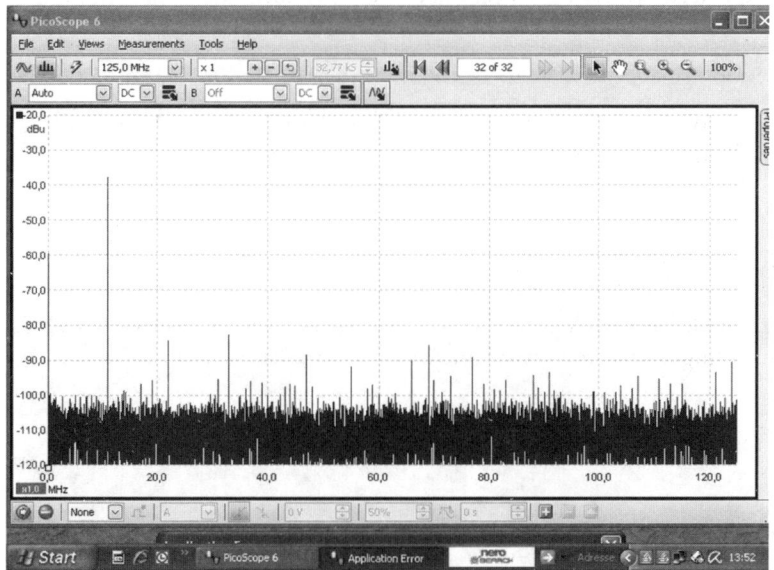

Abb. 24.8: Die FFT-Funktion mit dem Testsignal 10 mV/10 MHz in Aktion

24.7 Fazit

Die PicoScope-Geräte der Serie 5000 sind Champions in Sachen Bandbreite und Abtastrate. Der Scope-Schirm dominiert die Bedienoberfläche. Hier erscheinen scharf gezeichnete Wellenformen. Die gegenüber anderen Bedienoberflächen geradezu spartanisch wirkende „Bedienumgebung" verrät, dass die Entwickler ihr Augenmerk konsequent auf das Feature gelegt haben, für das Profis am bereitwilligsten zahlen: die Bandbreite.

Mit dem vielseitigen Funktionsgenerator haben sie noch eine sinnvolle Zugabe spendiert – und nicht zu vergessen die leistungsfähige FFT-Funktion, die in vielen Fällen den Stand-alone-Spektrumanalysator ersetzen kann.

Bei der Firma Pico Technology weiß man offensichtlich, worauf es bei professionellen USB-Scopes ankommt.

25 Das vielseitige MEphisto Scope

Im *MEphisto Scope* stecken mehrere Funktionen. Die Scope-Funktion selbst dominiert diese Funktionsvielfalt keineswegs. Es ist also ein echtes USB-Kombigerät.

Das MEphisto Scope gibt es in zwei Versionen: mit und ohne Offline/Stand-alone-Datenlogger nebst SD-Speicherkarte. Die erste Version *UM203* kostet „pur" etwa 550 Euro (in Transporttasche mit Tastköpfen und USB-Kabel – *Abb. 25.1* – etwa 600 Euro). *Abb. 25.2* gestattet einen Blick auf die Rückseite. Die Version *UM202* ohne autarken Logger ist „pur" für 350 Euro zu haben, mit Zubehör für 400 Euro.

Abb. 25.1: Das UM203 mit Tragetasche und allem mitgelieferten Zubehör

Abb. 25.2: Blick auf die Rückseite, wo die DS-Speicherkarte eingeschoben wird. Die Sub-D-Buchse ist 26-polig und bietet auch einen externen Triggereingang.

25.1 Funktionen

In *Abb. 25.3* ist das Hauptmenü zu sehen. Man wählt links unter sechs Funktionen:

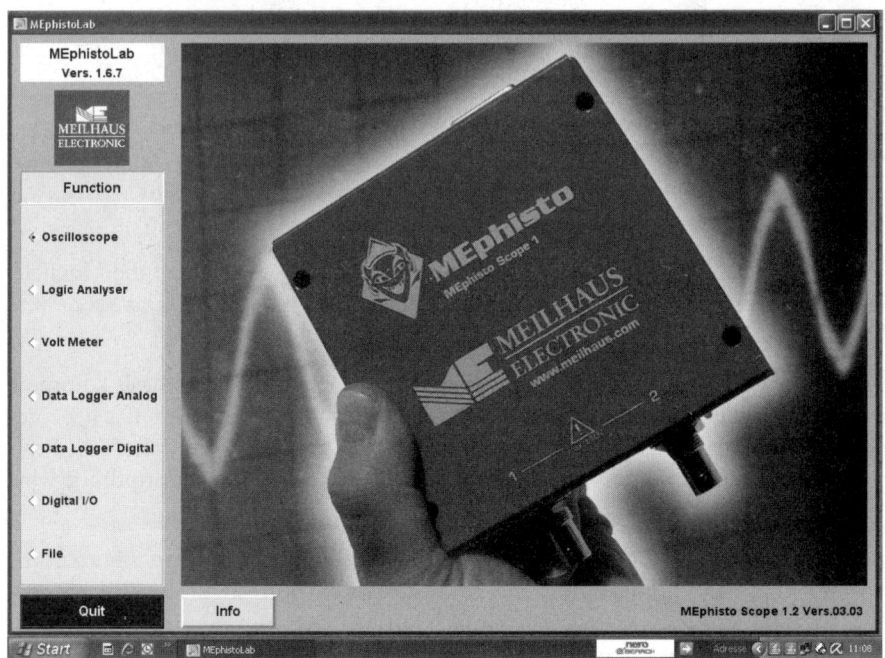

Abb. 25.3: Das Hauptmenü

- Oszilloskop/FFT
- Logic Analyzer
- Voltmeter
- Datenloggger analog
- Datenlogger digital
- digitale Ein- und Ausgänge

Der maximal verarbeitbare Eingangsspannungsbereich ist +/-10 V. Überlastschutz besteht bis +/-300 V. Die Eingänge sind hochohmig (850 kOhm parallel 14 pF). Der Wertespeicher fasst 256 kSamples. Ein Modul *Datei-Betrachter* dient der Visualisierung gespeicherter Messdaten.

Das MEphisto Scope benötigt ein kleines Steckernetzteil. Das Gerät besitzt ein Stahlblechgehäuse mit den Abmessungen 110 x 35 x 136 mm³ (mit Buchsen) und wiegt 420 g.

25.2 Oszilloskop

Das Modul *Oszilloskop* hat zwei Kanäle. Beide Kanäle nutzen eine gemeinsame Zeitbasis. Die Abtastung erfolgt mit maximal 1 MS/s pro Kanal. Jeder Kanal verfügt über einen 16-bit-A/D-Wandler. Das erstaunt bei einem Kombigerät, bei dem Funktionsvielfalt in der Regel vor Einzelperformance geht. Die Genauigkeit ist entsprechend: 0,1 % bzw. 1 mV Toleranz für Spannungsmessungen.

Der hohen Auflösung ist wohl die geringe Nenn-Einsatzbandbreite geschuldet: 500 kHz. Gemäß Abtasttheorem ist mehr auch nicht zulässig. In der Tat zeigen sich bereits bei einigen 100 kHz Darstellungsfehler. Man sollte also ungefähr wissen, was für ein Signal man vorliegen hat.

Die Einstellung ist zum Teil etwas gewöhnungsbedürftig. Es besteht oft die Möglichkeit der Eingabe eines numerischen Werts. Nicht alle sind realisierbar. Das Scope versucht dann eine automatische Annäherung.

Verändert man die Signalfrequenz, kann es zu einer Änderung der Zeitbasis kommen. Man kann minimal 1 ms lang über den gesamten Bildschirm darstellen, das bedeutet dann 100 µs/div. In *Abb. 25.4* ist für diesen Fall ein 100-kHz-Signal zu sehen, die Periodendauer ist 10 µs – also passen zehn Perioden in ein Kästchen. Die Amplitude wird mit einem Fehler von nur wenigen Prozent dargestellt.

Hat der A/D-Wandler 16 bit, handelt es sich um ein Präzisions-Scope. Eine Zoom-Funktion macht dann Sinn: In *Abb. 25.5* ist die Spitze eines 10-kHz-Sinussignals dargestellt. Man bildet mit der Maustaste einfach ein Kästchen um den interessierenden Bereich und schon wird dieser formatfüllend abgebildet. Der minimale Triggerpegel wurde mit 4 mV bei 100 kHz ermittelt. Mathematische Funktionen sind möglich.

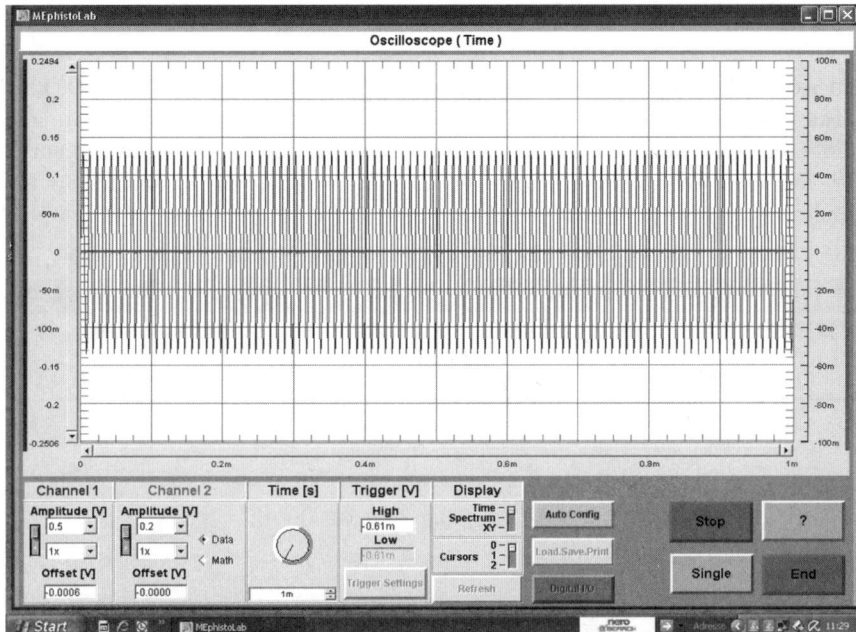

Abb. 25.4: Das Testsignal 100 mV/100 kHz bei kleinster vertikaler Auflösung

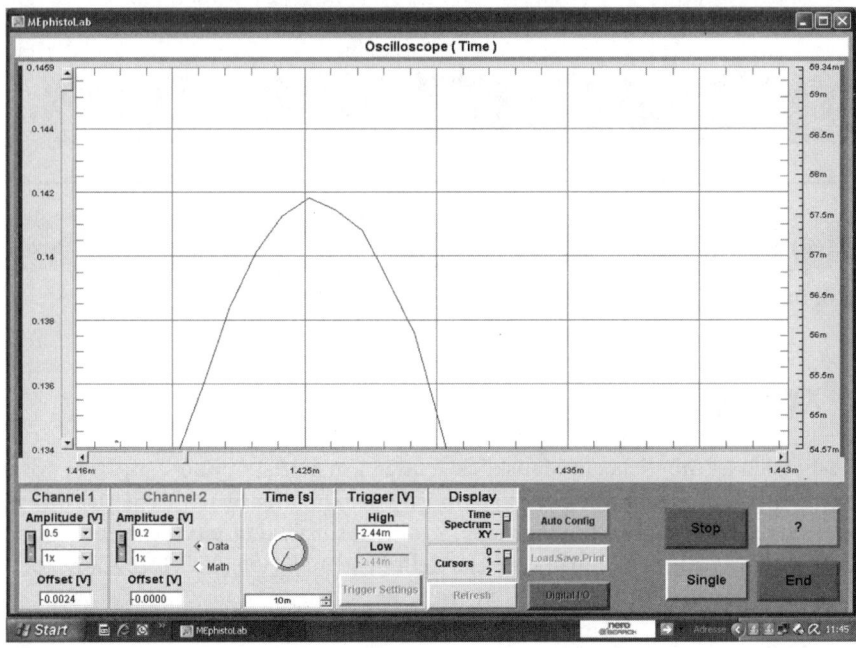

Abb. 25.5: Ausschnittsvergrößerung eines 10-kHz-Sinussignals

25.3 FFT

Aus dem Scope-Modus gelangt man direkt in den FFT-Modus. Man erhält ein 500 kHz breites Fenster. Empfindlichkeit und Dynamikbereich sind für viele Untersuchungen im Audiobereich ausreichend. *Abb. 25.6* zeigt die Darstellung des Messsignals 100 mV/ 100 kHz. Die erste Oberwelle erscheint 46 dB, die zweite 40 dB schwächer als die Grundwelle.

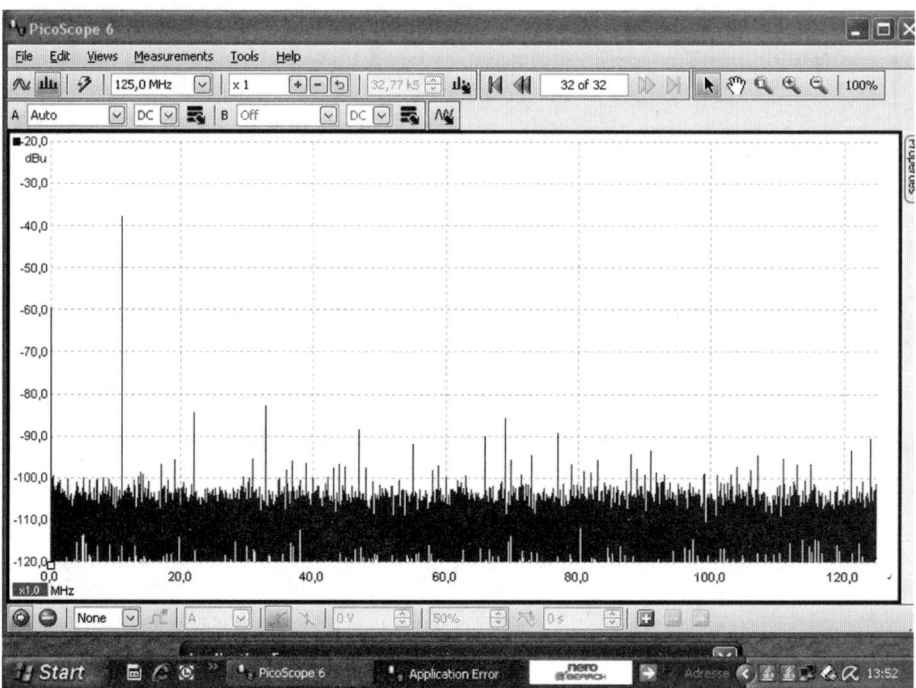

Abb. 25.6: Darstellung des Testsignals im FFT-Fenster

25.4 XY-Betrieb

Auch XY-Betrieb ist möglich, ein Mausklick genügt. Ein Signal nur am Eingang 1 wird als waagerechter, ein Signal nur am Eingang 2 als senkrechter Strich dargestellt. Legt man zwei phasen- und amplitudengleiche Signale an bzw. teilt ein Signal auf beide Kanäle gleichmäßig auf, erhält man eine Darstellung gemäß *Abb. 25.7*. Der XY-Betrieb eröffnet aber Spielraum für vielfältige Experimente.

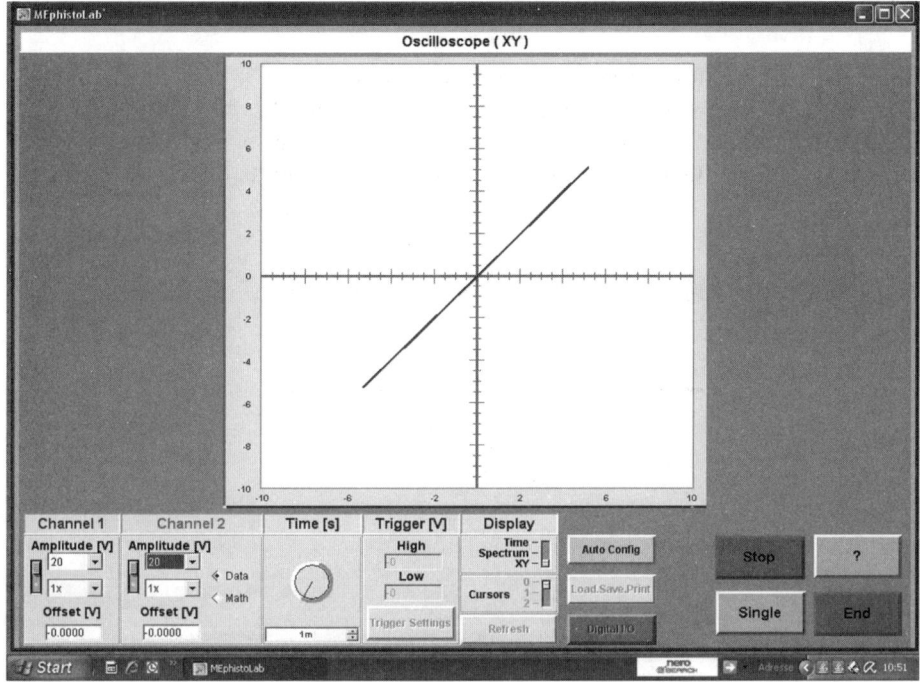

Abb. 25.7: XY-Betrieb: Ein 4-V-Testsignal liegt an beiden Eingängen.

25.5 Voltmeter

Das Voltmetermodul sollte man nicht unterschätzen. Es bietet viel mehr als ein einfaches Multimeter. Nicht nur, dass es zwei unabhängige Kanäle und Anzeigebereiche hat. Es misst auch Wechselspannungen in einem relativ hohen Frequenzbereich. Die −3-dB-Grenzfrequenz wurde zu 650 kHz ermittelt.

Weiter zeigt das Modul, unabhängig von der Kurvenform, den echten Effektivwert an (RMS, root mean square). Einfache Multimeter machen hingegen nur bei Sinusform keinen Fehler. Ferner gibt es auch eine Hold-Funktion.

Abb. 25.8 zeigt die Voltmeteroberfläche. An den Eingang 1 wurde eine schon etwas erschöpfte 9-V-Blockbatterie angeschlossen.

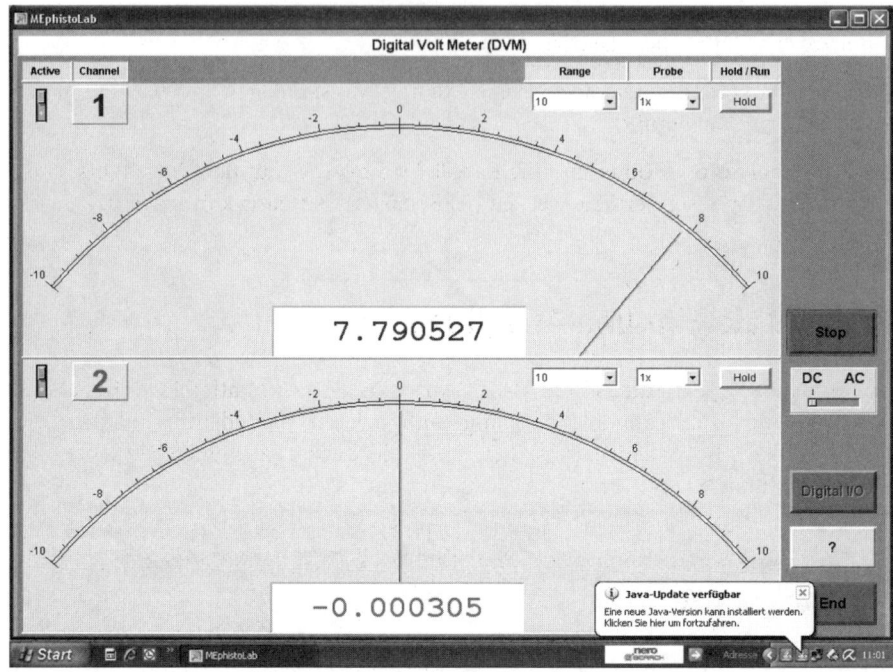

Abb. 25.8: Analog- und Digitalanzeigen beim Dreibereichs-Voltmeter (0,1, 1, 10 V)

25.6 Logikanalysator

Das Modul *Logic Analyser* stellt in 8 oder 16 digitalen Messkanälen Signale mit Frequenzen bis 50 kHz dar. Der Bildschirm präsentiert sich dabei ähnlich wie beim Scope; aber es gibt die „Kanäle" D0 bis D7. Schnellere Signale können Fehldarstellungen erzeugen. Man zieht also im Zweifelsfall zunächst das Oszilloskop zurate. Alle digitalen Kanäle benutzen eine gemeinsame Zeitbasis.

Im Logikanalysatormodus sind die Kanäle D16 bis D22 auf den Pins 19 bis 25 für Sonderfunktionen reserviert. Man konfiguriert sie bei Bedarf als Ausgang und lässt sie frei. Die Signalpegel müssen „5-V-CMOS-konform" sein. Dieser Forderung können auch TTL-Pegel entsprechen.

25.7 Datenlogger

Das MEphisto Scope verfügt über die Module *Data Logger Analog* und *Data Logger Digital*. Die Darstellung auf dem Bildschirm ist jeweils ähnlich wie beim Scope.

Der analoge Datenlogger verfügt über zwei Messkanäle. Hier kann man Signale mit Frequenzen bis 50 kHz beobachten.

Der digitale Datenlogger stellt acht oder 16 digitale Messkanäle für 5-V-CMOS-Signale bis 50 kHz zur Verfügung.

Im Digital-Analysator-Modus sind die Kanäle D16 bis D22 auf den Pins 19 bis 25 für Sonderfunktionen reserviert. Sie werden bei Bedarf als Ausgang konfiguriert.

25.8 Digitale Ein- und Ausgänge

Das MEphisto Scope ist mit 24 Digital-I/O-Anschlüssen ausgestattet. Jeder Kanal lässt sich unabhängig als Eingang oder Ausgang konfigurieren. Nach dem Einschalten wirken alle Kanäle als Eingänge. *Abb. 25.9* zeigt die betreffende übersichtliche Bildschirmdarstellung.

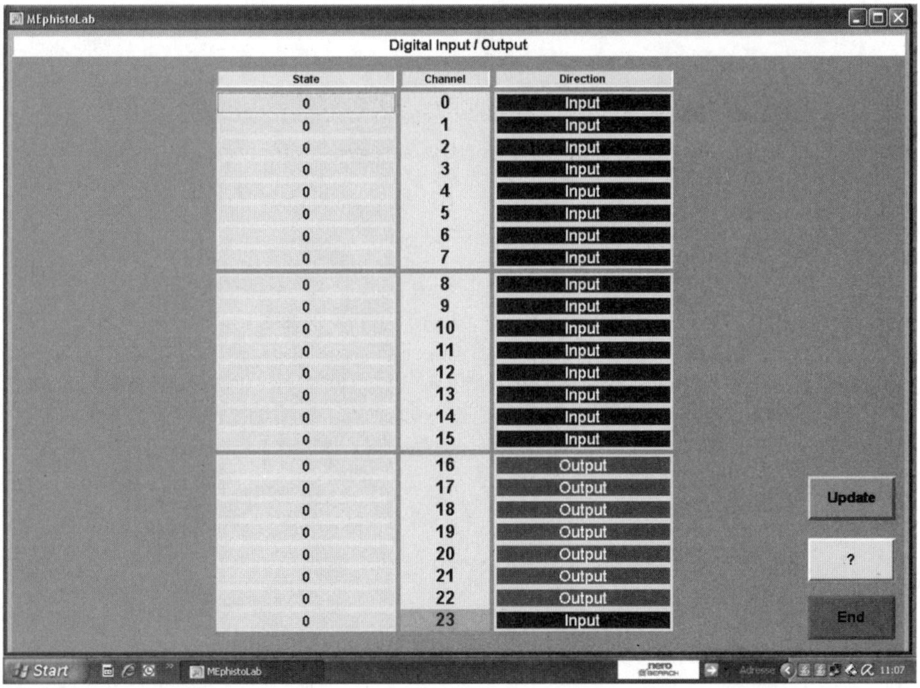
MEphistoLab
Digital Input / Output
State
Channel
Direction
0 0 Input
0 1 Input
0 2 Input
0 3 Input
0 4 Input
0 5 Input
0 6 Input
0 7 Input
0 8 Input
0 9 Input
0 10 Input
0 11 Input
0 12 Input
0 13 Input
0 14 Input
0 15 Input
0 16 Output
0 17 Output
0 18 Output
0 19 Output
0 20 Output
0 21 Output
0 22 Output
0 23 Input
Update
?
End
Start
MEphistoLab
11:07

Abb. 25.9: Die 24 digitalen Anschlüsse (CMOS) lassen sich als Ein- oder Ausgänge konfigurieren.

25.9 Fazit

Das kompakte MEphisto Scope mit seinem robusten Metallgehäuse eignet sich besonders für Ausbildung, Hobby und anspruchsvolles Messen an Audioschaltungen sowie in der Allgemeinelektronik.

Die Stärken des Scopes liegen in der Präzision (16 bit), den mathematischen Möglichkeiten sowie dem XY-Betrieb. Damit kann man viele lehrreiche Untersuchungen und Experimente veranstalten. Gut ergänzt wird diese Darstellungsmöglichkeit im Zeitbereich von der einfachen und übersichtlichen FFT-Funktion. Daher ist das MEphisto Scope besser als übliche USB-Scopes mit ihrer geringeren Auflösung für Messungen an Hi-Fi-Verstärkern geeignet. Der kleine erforderliche Triggerlevel gestattet dabei auch die Erfassung von Brumm- und anderen Störspannungen, etwa auf Versorgungsleitungen.

Die anderen analogen und digitalen Funktionen machen das MEphisto Scope zum Allroundgerät mit vielseitigen, die Fantasie des Anwenders herausfordernden Einsatzmöglichkeiten.

Sachverzeichnis

A

Abtasttheorem 46
AC 40
Acquisition Memory 48
ADC 46
Aliasing 47
Alternate 44
AM 22
Ampère 28
Amplitude 72
Anti-Aliasing-Filter 47
Armstrong 20
Aufzeichnungslänge 70
Außenleiter 12

B

bidirektional 135
binary digits 23
Bit 23
Bitrate 23
Bitstrom 23
Braun 15
Bus 33
bus-powered 33
Byte 23

C

CAT 24
CE-Kennzeichen 24
Chopper 44
Crest Factor 73

D

data logger 137
DC 40

Defektelektronen 15
Demodulation 20
DFT 89
Digital-Interface 135
diskrete Fourier-
Transformation 89
Display Memory 48
Display System 41
div 41
DSB 22
Dual-Slope-Verfahren 47
Dynamik 69
Dynamikbereich 69

E

Eckfrequenz 110
Effektivwert 41, 72
Elektronen 15
EMVG 24
equivalent 67
Ereignisimpuls-
Logger 138
ETS 50

F

Fading 23
Fast Fourier-
Transformation 89
Flash-Konverter-
Verfahren 47
FM 22
Fourier-
Transformation 89
Frames 33
Frequenzgang-
darstellung 108
full-time 67

G

Galvani 12

H

Hertz 20
HF-Technik 19
High-Speed-Kabel 36
Hochfrequenztechnik 19
Horizontal System 40
Host Controller 33
Hub 33
Hüllkurven-
darstellung 108

I

IEC 24
Integrationsverfahren 47
Intensität 49
Interpolation 49
Ionen 15

J

Jittern 40

K

Kleinspannung 27
Klemmenspannung 26
Klirren 22
Kommunikations-
technik 24

L

Ladungsausgleich 28

Ladungsstrom 28
Leerlaufspannung 26
linearer Mittelwert 72
Lissajous-Figur 43
Low-Speed-Kabel 36

M

Merkdreieck 30
MAD 72
Maxwell 12
mean absolute
deviation 72
memory depth 70
MFED 74
Mikrowellentechnik 19
minimally frequency
envelope delay 74
MIS 149
Mischer 22
Mittenfrequenz 110
Modulation 20
Multiplexbetrieb 44

N

Niederspannung 24
Nachrichtentechnik 12
native 67
Normsignal-Logger 138
Nullleiter 12

O

Ohm 29
Opto-Isolation 149
Optokopplerkarten
/-module 134
OTG 34